解 读 地 球 密 码

丛书主编　孔庆友

水 上 明 珠 岛

Island
The Pearl on the Water

本书主编　王　经　吕宝平　王　辉

山东科学技术出版社

·济南·

图书在版编目（CIP）数据

水上明珠——岛/王经，吕宝平，王辉主编.-- 济
南：山东科学技术出版社，2016.6（2023.4 重印）
（解读地球密码）
ISBN 978-7-5331-8360-8

Ⅰ.①水… Ⅱ.①王… ②吕… ③王… Ⅲ.①岛－
普及读物 Ⅳ.① P931.2-49

中国版本图书馆 CIP 数据核字（2016）第 141828 号

丛书主编　孔庆友

本书主编　王　经　吕宝平　王　辉

水上明珠——岛
SHUISHANG MINGZHU——DAO

责任编辑：赵　旭　宋丽群
装帧设计：魏　然

主管单位：山东出版传媒股份有限公司
出　版　者：山东科学技术出版社
　　　　　地址：济南市市中区舜耕路 517 号
　　　　　邮编：250003　电话：（0531）82098088
　　　　　网址：www.lkj.com.cn
　　　　　电子邮件：sdkj@sdcbcm.com
发　行　者：山东科学技术出版社
　　　　　地址：济南市市中区舜耕路 517 号
　　　　　邮编：250003　电话：（0531）82098067
印　刷　者：三河市嵩川印刷有限公司
　　　　　地址：三河市杨庄镇肖庄子
　　　　　邮编：065200　电话：（0316）3650395

规　格：16 开（185 mm×240 mm）
印　张：9.75　字数：176 千
版　次：2016 年 6 月第 1 版　印次：2023 年 4 月第 4 次印刷
定　价：40.00 元
审图号：GS（2017）1091 号

普及地质科学知识
提高民族科学素质

李廷栋
2016年元月

传播地学知识，弘扬科学精神，
践行绿色发展观，为建设
美好地球村而努力。

翟裕生
2015年10月

贺　词

　　自然资源、自然环境、自然灾害，这些人类面临的重大课题都与地学密切相关，山东同仁编著的《解读地球密码》科普丛书以地学原理和地质事实科学、真实、通俗地回答了公众关心的问题。相信其出版对于普及地学知识，提高全民科学素质，具有重大意义，并将促进我国地学科普事业的发展。

国土资源部总工程师

　　编辑出版《解读地球密码》科普丛书，举行业之力，集众家之言，解地球之理，展齐鲁之貌，结地学之果，蔚为大观，实为壮举，必将广布社会，流传长远。人类只有一个地球，只有认识地球、热爱地球，才能保护地球、珍惜地球，使人地合一、时空长存、宇宙永昌、乾坤安宁。

山东省国土资源厅副厅长

编著者寄语

★ 地学是关于地球科学的学问。它是数、理、化、天、地、生、农、工、医九大学科之一，既是一门基础科学，也是一门应用科学。

★ 地球是我们的生存之地、衣食之源。地学与人类的生产生活和经济社会可持续发展紧密相连。

★ 以地学理论说清道理，以地质现象揭秘释惑，以地学领域广采博引，是本丛书最大的特色。

★ 普及地球科学知识，提高全民科学素质，突出科学性、知识性和趣味性，是编著者的应尽责任和共同愿望。

★ 本丛书参考了大量资料和网络信息，得到了诸作者、有关网站和单位的热情帮助和鼎力支持，在此一并表示由衷谢意！

科学指导

李廷栋 中国科学院院士、著名地质学家
翟裕生 中国科学院院士、著名矿床学家

编著委员会

主　　任	刘俭朴　李　琥
副 主 任	张庆坤　王桂鹏　徐军祥　刘祥元　武旭仁　屈绍东
	刘兴旺　杜长征　侯成桥　臧桂茂　刘圣刚　孟祥军
主　　编	孔庆友
副 主 编	张天祯　方宝明　于学峰　张鲁府　常允新　刘书才
编　　委	（以姓氏笔画为序）

卫　伟　王　经　王世进　王光信　王来明　王怀洪
王学尧　王德敬　方　明　方庆海　左晓敏　石业迎
冯克印　邢　锋　邢俊昊　曲延波　吕大炜　吕晓亮
朱友强　刘小琼　刘凤臣　刘洪亮　刘海泉　刘继太
刘瑞华　孙　斌　杜圣贤　李　壮　李大鹏　李玉章
李金镇　李香臣　李勇普　杨丽芝　吴国栋　宋志勇
宋明春　宋香锁　宋晓媚　张　峰　张　震　张永伟
张作金　张春池　张增奇　陈　军　陈　诚　陈国栋
范士彦　郑福华　赵　琳　赵书泉　郝兴中　郝言平
胡　戈　胡智勇　侯明兰　姜文娟　祝德成　姚春梅
贺　敬　徐　品　高树学　高善坤　郭加朋　郭宝奎
梁吉坡　董　强　韩代成　颜景生　潘拥军　戴广凯

书稿统筹	宋晓媚　左晓敏

目 录
CONTENTS

Part 1 岛屿知识解读

岛屿基本概念/2

在地球上分布于海洋、湖泊或河流中，四面被水包围并且在高潮时仍然露出水面，比大陆小得多的陆地统称为岛屿。彼此相距较近的一组岛屿称为群岛。

岛屿类型/7

根据不同的分类原则，岛屿有不同的分类：有居民岛屿和无居民岛屿的社会属性分类，大陆岛、海洋岛、冲积岛的成因分类，面积大小的规模分类等。

Part 2 岛屿科学揭因

构造运动塑造大陆岛/14

大陆岛是岛屿家族的主要成员，具有构造体系多样、长期活动及多次活动的特点，表现为多次褶皱、断裂、岩浆侵入及海平面的变动等。

火山喷发造就火山岛/17

火山是地壳构造运动的重要表现形式之一，在地球历史演化的各个阶段都起着很重要的作用，海洋中的火山多以海岛的形式分布。

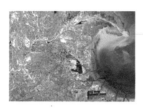

沉积作用填就冲积岛/23

河流挟带的泥沙顺流而下，沉积下来形成的岛屿就是冲积岛。一般位于大河的出口处或平原海岸的外侧。

生物作用生成珊瑚岛/28

珊瑚、石灰藻、软体动物等造礁生物的分泌物、骨骼残体、石灰藻类等生物遗骸集聚经长期压实、石化形成岛屿和礁石，成为珊瑚礁、岛。

气候变化影响岛屿/32

在地质历史时期的古气候冷暖变化引起海平面升降导致岛屿的产生与消失，全球变暖对海平面和岛屿也产生重要影响。

 Part 3 全球名岛览胜

世界岛屿概况/40

据概略统计，地球上的岛屿总面积约为977万平方千米，约占全球陆地面积的1/15。主要群岛有50多个，它们似繁星点点散落在海洋中。

多彩风光之岛/45

海岛孤立于大海中，分布在地球上不同海域、不同纬度地区的岛屿形成丰富多彩的地貌景观，有山岳，有沙滩，有蓝蓝的天空、清清的海水和丰茂的森林……

丰饶物产之岛/52

浩瀚的海洋有无尽的宝藏，在有限的海岛陆地上有丰富的人们赖以生存的各类动植物资源、矿产资源。让我们一起去领略……

神秘奇特之岛/56

海岛广泛分布于海洋中，每个岛屿都有自己独特的地质成因，有些充满了神秘色彩，是人们探索奥秘的地方。例如，保留了原始风貌的亚速尔群岛、美丽而神秘的百慕大群岛、"长寿群岛"斐济群岛……

奇形怪状之岛/60

奇特形状海岛的存在再次证明大自然才是最伟大的设计师。在设计海岛时，大自然向我们展示了令人叹服的幽默感。

多国控制之岛/63

一般的岛屿由一个国家控制，较少的岛屿由两个或两个以上国家控制，有的岛屿也正因此而陷于纠纷之中。

Part 4 中国名岛撷英

中国岛屿概况/65

我国海域辽阔，是一个岛屿众多的国家。分布各类岛礁万余个。其中东海最多，约占66%。这些岛屿有风景名胜旅游地，有国防前哨，有繁忙的交通要道，有天然鱼仓……

中国的群岛/67

我国主要群岛有长山群岛、庙岛群岛、舟山群岛、东沙群岛、西沙群岛、南沙群岛、钓鱼岛群岛等。这些群岛在经济、军事、交通等方面具有重要的作用和地位。

中国名岛/72

在我国的众多岛屿中，有许多非常著名，如宝岛台湾岛、南海明珠永兴岛、火山喷发形成的涠洲岛、国家风景名胜区鼓浪屿……它们是我国岛屿的代表。

特殊意义岛/78

岛屿不仅是国家领土的重要组成部分，有些地理位置特殊的岛屿更是国家领海和毗连区划定的重要依据，对国家的经济、安全、海上交通、军事等有不可替代的作用。

Part 5 山东岛屿荟萃

山东岛屿概况/84

山东共有海岛456个。面积在500平方米及以上的320个，有居民海岛34个，海岛岛陆总面积110.96平方千米。其中包括庙岛群岛1个群岛，5个领海基线岛等。

主要岛屿概览/87

山东是我国的海洋大省，海岛在山东经济文化中占有重要地位，有位于交通要道的庙岛群岛，有旅游胜地刘公岛、养马岛等，有作为我国领海基点的苏山岛、镆铘岛等。

山东海岛地质地貌导览/93

岛陆地貌主要发育冲积海积平原、三角洲平原、剥蚀丘陵、黄土地貌等；海岛海岸及潮间带主要发育淤泥滩、贝壳堤，海蚀阶地、海蚀柱等海蚀地貌以及砾石滩等海积地貌；海底主要发育水下海蚀平台、浅滩、砾石嘴等地貌类型。

山东岛屿文化及自然景观/103

早在旧石器晚期，先民就在有些海岛上繁衍生息。在很多岛屿发现的古文化遗址和墓群，记录了先民战胜大海、搏击风浪的历史；海岛有特有的海市蜃楼、海滋等自然景观，蔚为壮观。

 Part 6 岛屿作用概观

岛屿是国家主权界标/113

领海是国家领土在海中的延续，属于国家领土的一部分，一个国家对领海拥有和陆地同样的主权。岛屿可以和其他陆地领土一样有自己的领海、毗连区、专属经济区和大陆架。

岛屿是矿产资源宝库/114

世界上许多著名的矿床都分布在岛屿及其附近海域。著名的有太平洋多金属矿床、牙买加铝土矿床、邦加锡矿、加达尔铌钽矿床等。我国的台湾岛、海南岛等地也蕴藏着丰富的矿产及地热等资源。

岛屿是自然景观胜地/116

岛屿旅游资源包括以自然因素为主的海岸地貌、美丽的自然景观、宜人的气候、平缓而宽阔的沙滩和海水浴场、丰富多彩的海洋自然生物资源等，海洋历史文化、历史古迹，海洋民俗风情等也是旅游资源的重要组成部分。

岛屿是生物聚集的天堂/117

岛屿有独立的生态环境系统，是各类动植物生息繁衍的天堂，对维护岛屿生态平衡起重要作用。岛屿的生物资源为当地的社会经济发展提供了物质基础。

岛屿位置不可替代/118

岛屿在海洋交通中具有不可替代的重要作用。在人类文明的发展史上，岛屿具有独特的地位，有过重要的贡献。岛屿上可建设灯塔、雾号、航行标志及通信基站等交通设施。

岛屿是科学研究基地/120

海洋是巨大的宝库，人类需要的食物、矿产、能源、生物等各种资源应有尽有，人们把海洋看成新的生存空间。海岛的存在为我们研究海洋提供了十分有利的地理及地质基础。

附录/123

    一、世界主要岛屿地质公园/123

    二、世界主要岛屿自然遗产地/125

    三、世界主要岛屿自然遗产与文化遗产双遗产地/133

    四、中国主要岛屿地质公园及风景名胜区/134

    五、山东主要岛屿概况/137

参考文献/139

地学知识窗

    火山/9   构造运动、新构造运动/15   沉积作用/27   珊瑚虫/30   古气候/33   冰期和间冰期/34   全球变暖/36   领海、领海基线/79   内水、毗连区、专属经济区/80   古人类/104

Part 1 岛屿知识解读

地球上的海洋、河流、湖泊中分布着数以万计的岛屿，它们是水中的陆地。这些岛屿不仅形态不同，而且地质成因也不同。

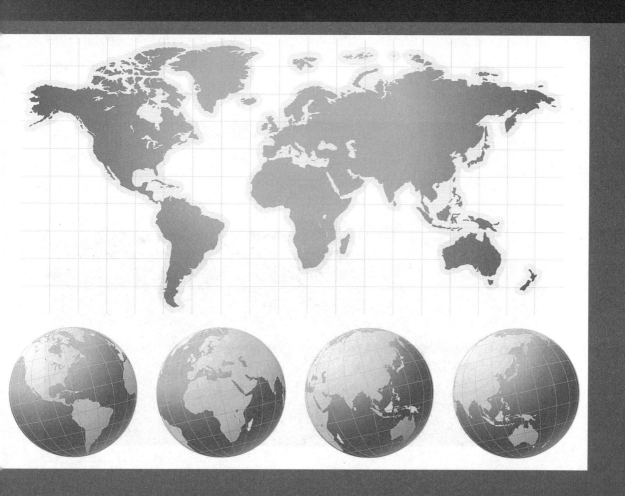

岛屿基本概念

岛屿

我们通常说的岛屿（island）分布于海洋、湖泊或河流中，四面被水包围并在高潮时仍然露出水面的，比大陆小得多的陆地（图1-1）。在国际上，岛屿常用的概念是根据1982年《联合国海洋法公约》第121条的规定：岛屿是四面环水并在高潮时高于水面的自然形成的陆地区域。

一般认为，海岛是被海水包围的陆地。湖岛、河岛是被湖水、河水包围的陆地。根据自然成因，岛屿又分为大陆

▲ 图1-1 海洋中的岛屿

岛、海洋岛、冲积岛。岛屿面积是指岛岸线圈闭起来的陆地面积。岛屿面积大小不同，一般面积较大的称岛，如海南岛、台湾岛；面积较小的称屿，如我国厦门市的鼓浪屿，台湾岛东北部的花瓶屿、赤尾屿等。

岛屿多为地质作用的产物，是研究海底岩石和地质构造及其历史的重要依据之一。

礁

接近海面的海底突起称为礁（reef，图1-2）。按照礁的组成物质可分为岩礁、珊瑚礁，按礁在水中的位置分为明礁、暗礁。

珊瑚礁（coral reef）指海洋中由造礁珊瑚的钙质遗骸和石灰藻类等生物遗骸聚集而成的礁，如我国南海的黄岩岛。珊瑚礁蕴藏着丰富的生物资源和矿产资源，有重要的科学研究价值。千姿百态的珊瑚礁还是重要的旅游胜地。

高潮时能露出水面的礁称明礁。如西沙群岛的永兴岛。暗礁（ledge，sunken reef）是指低潮时也不露出水面的水底凸起，如中沙群岛的民主礁。暗沙（shoal）是表面沉积有沙砾、贝壳等松散碎屑物质

▲ 图1-2 海洋中的礁

3

的暗礁，如我国黄海的五条沙、南沙群岛的曾母暗沙等。

群岛

岛屿往往不只是孤立的一个，彼此相距较近的成群分布的岛屿叫群岛（archipelago，islands，图1-3），如中国的舟山群岛、南沙群岛、东沙群岛等，太平洋的马里亚纳群岛、夏威夷群岛等。全世界有数量众多的群岛，按照地理形态与地质特征形似之处，群岛可分为大陆型和大洋型两大类。大陆型群岛根据位置又可分为沿岸群岛和陆架群岛，大洋型群岛按地质成因分为火山型群岛和珊瑚礁型

群岛。呈线形或弧形排列的群岛称列岛（chain islands，archipelago），如日本列岛、千岛列岛、澎湖列岛等。

在海洋中呈线形分布的列岛叫岛弧（island arc，island chain），又称岛链、弧形列岛（arcuate islands），因为呈花彩状也称为花彩列岛。岛弧分布在大洋边缘大洋地壳与大陆地壳交界处，是大洋板块与大陆板块碰撞后，大陆板块受挤压上拱、隆起形成的。岛弧中地壳不稳定，多火山、地震。西太平洋中，岛弧分布较集中，自东北向西南有阿留申岛弧、堪察加—千岛岛弧、日本岛弧、琉球岛弧、台湾—菲律宾岛弧、印度尼西亚岛弧。岛弧

▲ 图1-3 群岛

与岛弧或岛屿排列成一连串，称为岛链。上述的岛弧相连接就组成了世界上最长的岛链。

其他形态的岛

以连岛坝与大陆相连的岛屿，称为陆连岛（land-tied island）。在近岸岛屿与陆地之间形成的波影区内，波浪作用减弱，海水挟带的泥沙在岸边逐渐堆积，同时岛屿向海的一面受到冲蚀，被冲蚀的物质在岛屿两侧后方堆积成两个沙嘴，沙嘴与沿岸堆积的泥沙逐渐相连，形成连岛沙坝，最后把岛屿与陆地连成一体。我国最典型、最有代表性的陆连岛是烟台的芝罘岛（图1-4）。它是我国乃至世界珍贵的地质遗迹，具有很高的地学研究价值。

通过砾石堤、砾石坝或者侵蚀平台等自然作用使岛与岛相连称为岛连岛（图1-5）。高潮时相隔，低潮时相连，一般面积较小，多为主岛的子岛。如山东的南、北豆卵岛，南、北照壁石岛，南、北凤凰尾岛，庙岛-羊砣子岛。在青岛市东南的黄海中的连三岛是典型的岛连岛，落潮时相连成一个岛，涨潮时分为三个小岛。

潮间岛（intertidal island）是指高潮时四面环水，低潮时可徒步登岛的岛，如山东的竹岛、猪岛、女岛、象里岛、象外岛等。

除了自然形成的岛之外，还有人工建造的岛，即人工岛。人工岛一般是以小岛或暗礁为基础修建的。如迪拜人工岛群

▲ 图1-4　芝罘岛海蚀及海积地貌

▲ 图1-5　庙岛-羊砣子岛连岛（王峰摄）

图1-6　迪拜棕榈岛

是全球最大的人工岛（图1-6）。

　　曾经作为美国移民隔离中心的爱丽丝岛以及为1967年世博会而建的加拿大蒙特利尔圣母岛也是人工岛。人工岛在我国有悠久的历史。早在明代嘉靖年间（1522~1567），就有建造人工岛的文字记载。近代第一个人工岛是为大港油田勘探开采海洋石油而建，位于渤海湾。此外，我国澳门、台湾等地也建有人工岛。

　　在海洋、湖泊或河流中，由人工筑堤、建坝、架桥与大陆相连的岛称人工陆连岛。随着人为开发利用岛屿活动的加剧，在近海岸岛陆连接成为海岛演化的重要趋势。山东的养马岛、镇铆岛、

麻姑岛等都是这类岛屿。由人工修建岛坝使岛与岛相连即人工岛连岛。如山东的砣矶岛和砣子岛、南长山岛和北长山岛（图1-7）、南小青岛和北小青岛等。

图1-7　人工连接的南、北长山岛

岛屿类型

根据不同的分类原则，岛屿有不同的分类：有居民岛屿和无居民岛屿的社会属性分类，大陆岛、海洋岛、冲积岛的成因分类，面积大小的规模分类等。

按社会属性分类

根据社会属性岛屿可分为有居民岛和无居民岛。在我国，有居民岛按照行政级别可分为省级岛（海南岛、台湾岛）、地级市岛（舟山市舟山群岛）、县级岛（山东长岛县庙岛群岛、辽宁长海县长山群岛、台湾最大的岛县澎湖列岛）、乡级岛（长岛县的大钦岛、小钦岛）、村级岛、自然村岛（表1-1）。世界上有许多岛国，它们的国土分布在一个或数个岛上，也有一个岛屿由两个或两个以上国家控制的情况。

表1-1　　　　　　　　　　　　　岛屿社会属性分类

名称		属性简述	典型岛屿
有居民岛屿	岛国	一个国家的整个国土坐落在一个或数个岛上	冰岛、太平洋岛国、新西兰
	省级岛	在我国，省级行政区分布在一个或数个岛上	海南岛、台湾岛
	地级市岛	在我国，地市级行政区分布在一个或数个岛上	舟山群岛
	县级岛	在我国，县级行政区分布在一个或数个岛上	长山群岛（长海县）、庙岛群岛（长岛县）
	乡镇级岛	在我国，乡镇级行政区分布在一个或数个岛上	小钦岛乡、大黑山乡
	村级岛	在我国，村级行政区分布在一个岛上	田横岛村
	自然村岛	在我国，一个自然村分布在一个岛上	桑岛村
无居民岛屿		无常住居民的岛屿	千里岩岛、芙蓉岛、担子岛

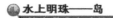
按面积大小分类

按照岛屿面积大小可划分为特大岛（面积大于或等于2 500平方千米）、大岛（面积大于或等于100平方千米、小于2 500平方千米）、中岛（面积大于或等于5平方千米、小于100平方千米）、小岛（面积大于或等于500平方米、小于5平方千米）、微型岛（面积小于500平方米），共五类（表1-2）。

按成因分类

根据自然成因，岛屿分为大陆岛、海洋岛、冲积岛三类。

大陆岛（continental island）是大陆板块延伸到海底并露出水面而形成的岛，分布在大陆外缘，在地质构造上与大陆相连，一般是地壳运动的结果，地质特征与相邻大陆基本相似。如北美的格陵兰岛，欧洲的不列颠群岛，中国的台湾岛、海南岛等都是大陆岛。山东的庙岛群岛、刘公岛、田横岛、车牛山岛等也是大陆岛。

海洋岛（oceanic island）又称大洋岛。海洋岛又进一步划分为火山岛和珊瑚岛两类（表1-3）。一般是海底火山或

表1-2　　　　　　　　　　　　岛屿面积分类

名称	特征	典型岛屿
特大型岛	面积大于或等于2 500平方千米	海南岛
大岛	面积大于或等于100平方千米、小于2 500平方千米	崇明岛
中岛	面积大于或等于5平方千米、小于100平方千米	灵山岛
小岛	面积大于或等于500平方米、小于5平方千米	猪岛（0.006平方千米）
微型岛	面积小于500平方米	双尖岛（190平方米）

表1-3　　　　　　　　　　　　岛屿成因分类

名称		成因简述	典型岛屿
大陆岛		地质构造或海平面抬升淹没大陆陆地形成	海南岛、台湾岛、山东芙蓉岛
海洋岛	火山岛	海底火山喷发形成	夏威夷群岛，冰岛，福建林进屿、南碇岛
	珊瑚岛	造礁珊瑚等生物遗骸集聚形成	马尔代夫群岛、西沙群岛、南沙群岛
冲积岛		河流挟带的泥沙堆积在入海口或河流、湖泊中堆积而成	马拉若岛、崇明岛、百里洲、橘子洲

珊瑚堆积体露出海面而形成的岛。

海底火山作用产生的喷发物质（主要是熔岩）堆积而成的岛屿叫火山岛（volcanic island）。大洋中的岛屿一般属于火山岛，如夏威夷群岛、阿留申群岛等。中国的澎湖列岛即为第四纪初期火山喷发形成的火山岛。

珊瑚岛（coral island）是由珊瑚堆积物露出海面而成的岛屿，其基底往往是海底火山的顶部，如太平洋的马绍尔群

——地学知识窗——

火 山

火山的英文名volcano源自意大利语"vulcano"，它原是地中海利帕里群岛（Lipari Islands）一个火山的名称，是以罗马神话中的火神Vulcan命名的，后来成为火山的专用名词。火山（volcano）是指岩浆活动穿过地壳到达地面或伴随有蒸汽和灰渣喷出地表，形成特殊结构和形态的山体。

火山可以分为活火山和死活山。活火山（active volcano）是指现在还具有喷发能力的火山。死火山（extinct volcano）是指现在没有喷发，将来也不可能再喷发的火山。火山是地壳构造运动的重要表现形式之一，在地球历史演化的各个阶段都起着很重要的作用，无论活火山还是死火山，都留下了大量的各种各样的地貌遗迹，如火山口（图1-8）、熔岩湖、熔岩河、火山锥、火山颈等。

▲ 图1-8 涠洲岛火山口

岛、中国的南沙和西沙群岛。珊瑚岛主要分布在热带、亚热带盐度适中的浅海中。可分为岸礁、环礁（图1-9）、堡礁（图1-10）三大类。岸礁是发育在海岸浅水区的呈带状分布的礁体形成的珊瑚岛。呈环状分布的珊瑚岛叫环礁。堡礁又称堤礁、离岸礁，是海洋中绕岛屿或大陆作堤状分布的珊瑚岛。它与海岸之间有较深而宽的潟湖或礁湖隔开，主要分布在火山岛周围及大陆外堡礁海。

太平洋是世界上珊瑚岛礁最多、分布最广泛的大洋，主要岛屿有2 600多个，总面积达440多万平方千米。

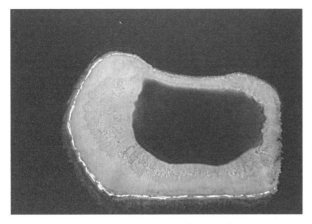

图1-9 环礁

图1-10 大堡礁

▲ 图1-11 亚马孙河流域冲积岛

冲积岛（alluvial island）也叫堆积岛或沙岛，是河水挟带的物质在大河河口或河流、湖泊中堆积而成的岛屿。它的组成物质主要是泥沙。河流挟带着上游冲刷下来的泥沙流到水面宽阔处或河口时，流速就慢了下来，泥沙逐渐沉积，积年累月，越积越多，逐步形成高出水面的陆地。许多大河入海的地方都会形成一些冲积岛（图1-11）。中国共有400多个冲积岛，黄河入海口一带是冲积岛集中分布区之一，有60多个岛屿。长江入海口的崇明岛（图1-12），面积1 267平方千米，是我国最大的河口三角洲冲积岛。长江中游的百里

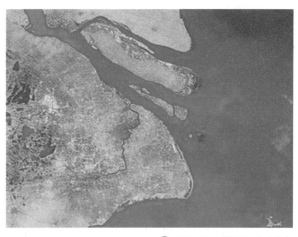

▲ 图1-12 崇明岛（遥感）

11

洲是我国第二大冲积岛。

贝壳堤岛（shell beach ridge island）也是堆积型岛，它的形成主要是受海浪和潮汐等动力作用，特别是风暴潮的影响，将潮间带贝壳碎屑向高潮线附近堆积，与陆地冲刷下来的泥沙共同形成以贝壳堤为主要形态的海岛。贝壳堤有老、新两类，按照贝壳堤岛的特征，可分为开敞性贝壳堤岛和潮沟型贝壳堤岛。山东的大口河岛、棘家堡子岛和赵家沙子岛群等是开敞性贝壳堤岛，脊岭子岛、大堡岛等为潮沟型贝壳堤岛。

按水体性质分类

根据岛屿周围水体性质划分为海岛、湖岛以及河岛（表1-4）。

表1-4　　　　　　　　　　岛屿与水域关系分类

名称	分布位置	典型岛屿
海岛	海洋中	海南岛、台湾岛
湖岛	湖泊中	山东微山岛、独山岛
河岛	河流中	湘江橘子洲

Part 2 岛屿科学揭因

岛屿的形成经历了地球长期而复杂的地质变迁，是不同地质作用的产物。主要成因包括构造运动、火山喷发、生物作用、河流冲积等。气候及人类活动对岛屿的形成也产生重要影响。

构造运动塑造大陆岛

大陆岛是岛屿家族的主要成员，具有构造体系多样、长期活动及多次活动的特点，表现为多次褶皱、断裂、岩浆侵入及海平面的变动等。

构造运动对岛屿的影响

陆地与海洋的形成经历了几十亿年的沧海巨变。由于构造运动作用，地球表面的褶皱密布，凹凸不平，形成了高山、平原、河流、海盆等各种原始地形。目前地球上的地形格局大体上是中生代以来奠定的，但是新构造运动大大加强了地形的发展演变，因此岛屿在这一时期的产生、发展、演变十分显著。

新构造运动从运动方向看既有垂直升降运动又有水平运动，而水平运动幅度和速度比垂直运动的幅度和速度要大得多。但是从地形上和沉积物看，垂直运动表现得更为明显，对岛屿的影响也较显著。

大陆岛形成

大陆岛是组成岛屿家族的主体，它的地质构造同大陆相似或相联系，历史上是大陆的一部分，由于构造作用（如断层或地壳下沉）或者海平面上升，致使沿岸地区一部分陆地与大陆分离相隔而形成岛屿。如格陵兰岛，新几内亚岛，马达加斯加岛，中国的台湾岛、海南岛等大岛都是大陆岛。

这类岛屿在大地构造上具有构造体系多样、长期活动及多次活动的特点，经多次褶皱、断裂、岩浆侵入及海平面的变动等，形成了沿海地区星罗棋布的岛屿。它们在地质构造和岩性上与陆地一致。大陆岛一般靠近大陆，地势较

——地学知识窗——

构造运动

构造运动（tectonism，tectonization）是由于地球内部能量引起的导致地壳或岩石圈的物质发生变形或变位的机械运动。构造运动的结果主要表现为隆起和坳陷、褶皱和断裂。在地球的演化历史中，构造运动是造成地表起伏变化的主要因素。

新构造运动

形成现代地形地貌是新构造运动（neotectonic movement）的结果，新构造运动是指挽近地质时期的地壳构造运动。研究成果显示，水平运动是新构造运动中不可忽视的重要运动方式。新构造运动有多种表现形式，如地壳水平运动与地壳垂直运动，内生运动与外生运动，区域性运动与局部性运动，造山运动与非造山运动，断层蠕滑运动与断层黏滑运动，海平面升降运动，等等。我国学者曾长期采纳"新近纪至现代"的认识；后来有人根据"塑造中国现代地貌格架所起的重要作用"，把"上新世晚期"（距今约340万年）以来的构造运动定义为新构造运动。

高，面积较大。影响大陆岛形成的主要原因是古地理、古气候的变化导致的海平面的升降变化和地质构造影响的地壳升降变化。

典型岛屿——台湾岛

台湾岛是中国最大海岛，位于我国大陆架上，岛形南北狭长，全岛为复背斜构造，复背斜的两翼极不平衡。根据长期的地质研究资料，台湾岛曾和大陆连在一起。由于长期的地质构造运动，东亚大陆板块不断向赤道方向挤压，东亚大陆架一方面受到来自大陆方向的强大挤压力，另外受到巨大坚硬的太平洋板块的阻抗，因此在它的前缘形成了一系列北东—南西走向的山脉，也就是地质学说的东亚褶皱山系（图2-1）。越是靠近太平洋，受到的阻力越大，褶皱山系越高，因此台湾地势比福建、浙江一带要高。如台湾中部的玉山山脉，最高峰为玉山，海拔3 952米，也是台湾岛最高点。

根据古气候及古地理的研究，距今二三百万年前的第四纪初期，地壳剧烈上升形成现今的台湾岛。在距今21 000～16 000年的低海平面时期（相当于玉木冰期）又和大陆相连，那时的海平面比现在低140～160米。之后再次被海水淹没。因此，台湾岛的形成经过了长期复杂的地质变迁和古气候的变化。

▲ 图2-1　构造作用形成的台湾岛单面山

火山喷发造就火山岛

火山是地壳构造运动的重要表现形式之一，在地球历史演化的各个阶段都起着重要作用，海洋中的火山多以海岛的形式分布。

火山的形成及喷发类型

地壳是由许多个板块组成的，板块的裂开或板块与板块的碰撞常会导致火山喷发，因此火山常发生在板块活动的边缘带（图2-2）。如亚欧板块和太平洋板块运动时，熔岩浆上升，随之火山喷发，形成火山岛链。海底扩张，岩浆沿着大洋中脊也常会产生火山喷发。

一系列火山沿着某一构造部位，如板块的边缘或区域大断裂带，构成火山带（volcanic belt）。著名的火山带为围绕太

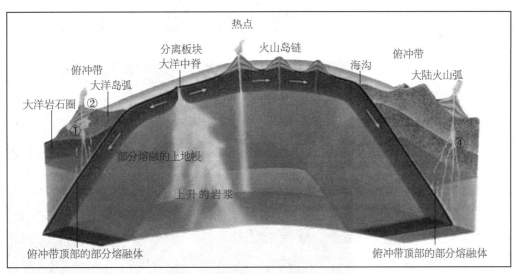

▲ 图2-2　火山与板块关系示意图（据陈安泽《旅游地学大辞典》）
①镁铁质-中性侵入岩；②镁铁质-中性火山质；③玄武质岩浆岩；④镁铁质-富硅质火成岩

平洋边缘分布的环太平洋火山带。它由东、西太平洋边缘火山构成，火山多分布在板块边缘。其中西太平洋的边缘自印度尼西亚、菲律宾向北经日本到堪察加；东太平洋自北美洲到南美洲。东、西太平洋边缘火山构成了环太平洋火山带，绝大部分以海岛的形式分布。

火山喷发按照岩浆的通道分为两大类。一类是裂隙式喷发，又称冰岛型喷发，喷发时岩浆沿着地壳中的断裂带溢出地表；另一类是中心式喷发，喷发时岩浆沿着火山管道喷出地面。岩浆成分、黏度、所含气体的多少等物理化学性质的差异，决定了每个具体火山的喷发形式各不相同。为了确定各个火山喷发习性，通常以典型火山命名，如夏威夷型、泛流玄武岩型、斯特朗博利型、伏尔加诺型、普林尼型等（图2-3）。

主要火山岛喷发类型

火山岛的火山喷发形式主要有夏威夷型、乌尔堪型、培雷型、叙尔特塞型等。

夏威夷型：以夏威夷火山命名的火山岛喷发类型（图2-4）。为稀液态岩浆比较宁静环境的溢流，一般为玄武岩，

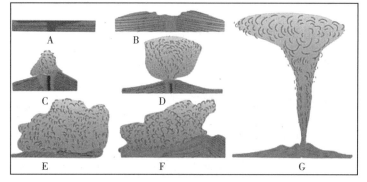

▲ 图2-3 火山喷发类型示意图（据陈安泽《旅游地学大辞典》）
A.泛流玄武岩型；B.夏威夷型；C.斯特朗博利型；
D.伏尔加诺型；E.混合型；F.培雷型；G. 普林尼型

▲ 图2-4 夏威夷型喷发

也可以为安山岩。主要呈岩流、熔岩湖。它的特点是形成熔岩喷泉，爆发活动微弱。熔岩可呈块状、绳状。火山颈一般为熔岩充填，抛出物中有牛粪状的火山弹和火山灰。这类喷发常形成盾形火山或寄生火山。

乌尔堪型：以乌尔堪诺火山命名的一种喷发类型（图2-5）。乌尔堪诺火山位于地中海西西里岛附近。这类火山岩浆黏度比较大，火山喷发以爆发为主。岩浆成分从安山岩到流纹岩。岩流不发育。爆发产生为半冷却的岩块或面包状的火山弹。

培雷型：以位于小安的列斯群岛的马提尼克岛的培雷火山命名的一种火山喷发类型。培雷型火山喷发属于黏稠岩浆的猛烈爆发，岩浆成分多数为流纹质，也有安山质、粗面质。爆发产物为炽热的火山碎屑流，并伴有火山穹丘的形成。

叙尔特塞型：以冰岛附近的叙尔特塞岛火山命名的一种类型。它是岩浆或岩浆的热与冷的水相互作用而发生的蒸汽岩浆爆发，形成基底涌流和火山灰空落堆积，常呈凝灰岩环、凝灰岩锥或低平火山口。

▲ 图2-5　乌尔堪型喷发

近代典型火山岛的形成

博戈斯洛夫火山岛：阿留申群岛博戈斯洛夫火山岛（Bogoslof Volcanic Island）是近代火山岛形成的典型代表。它位于阿留申群岛的乌姆纳克岛北部约40千米的白令海中，是一座活火山岛，高于洋底约为1 600米。自1796年以来海平面上先后出现火山锥，后来由于火山喷发并受到海蚀作用，6个新火山岛在海平面上多次消失又再度出现，最后形成1.8千米×0.6千米和直径为0.1千米的两个岛。图2-6中：

Ⅰ为1796年第一次出现的火山岛（老博戈斯洛夫火山）；Ⅱ为1883年新博戈斯洛夫火山爆发；Ⅲ为1906年梅卡尔夫火山爆发；Ⅳ为1907年前梅卡尔夫火山形成的破火山口再度喷发而形成的麦库鲁奇峰；Ⅴ为1907年后麦库鲁奇峰塌陷没入海平面以下，梅卡尔夫破火山口中形成热潟湖。

利帕里群岛斯特朗博利火山（Stromboli Volcano）：位于地中海西西里岛北部的利帕里群岛东北，是第四纪形成的成层火山。由海底火山喷发逐渐形成的火山岛，火山锥海拔926米，从海底至顶部总计2 700米，为一圆锥形成层火山，岩石为辉石安山岩、粗面玄武岩。现在的火山口海拔700米，由几个小火山口

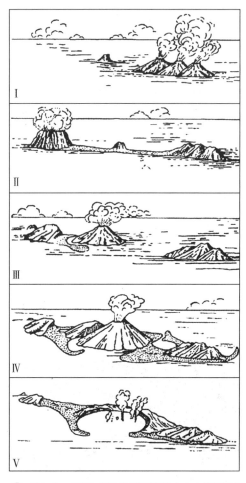

图2-6　1796～1907年博戈斯洛夫火山岛变迁史

组成。人们在约公元前450年已观察到它的活动，2000多年来该火山一直在持续活动，每小时可发生数次，规模大的喷发不频繁。

著名火山

环太平洋火山带（Circum-Pacific

Volcanic Belt）：围绕太平洋边缘分布的火山带。广义的还包括临近印度洋的印度尼西亚岛弧火山带和临近大西洋的西印度群岛火山带及斯科舍岛弧火山带。分布于日本、千岛群岛、阿留申群岛、北美和南美太平洋沿岸直至南极洲沿岸，全球半数以上的活火山都位于这个地区。与环太平洋地震带、环太平洋岛弧构成太平洋周围的地壳活动带。活动带的外侧主要为钙碱性的英安岩、安山岩和流纹岩；内侧主要为橄榄玄武岩、拉斑玄武岩、粗面岩及响岩等火山岩。两

类岩石的分布界线在地质学上称为安山岩线或马绍尔线。

堪察加火山群（Volcanoes of Kamchatka）：位于堪察加半岛，共有127座火山，其中22座为活火山。最著名的是克柳切夫火山，海拔4 750米，30多年来有过50多次的喷发，现在山顶还冒着浓烟。阿瓦钦斯米亚火山海拔2 741米，也是一座活火山。堪察加半岛火山，连同东南角千岛群岛的16座活火山，构成太平洋边缘最活跃的一个火山群。半岛上有几百处喷泉和温泉（图2-7）。

▲ 图2-7 堪察加半岛喷泉

润洲岛火山（Weizhou Island Volcano）：位于中国广西的润洲岛。这里有岩浆喷发的火山，也有蒸汽岩浆喷发的低平火山口，其中一个低平火山口被海水淹没。凝灰岩环岩壁裸露比较清楚，基底涌流凝灰岩的剖面有典型的交错层理、波状层，有丰富的海蚀地貌。

澎湖火山群（Penghu Volcanic Chuster）：地处台湾海峡，由64个玄武岩岛屿组成。火山喷发时间为新近纪中新世，这些岛屿与我国大陆东部的南京、漳州的火山属于同一个时期喷发的产物。澎湖湾玄武岩景观特色是柱状节理与海蚀地貌，柱状节理的排列方式多种多样。各岛屿的玄武岩海蚀地貌随处可见，是台湾地区重要的旅游景观。

台湾岛大屯火山群（Tatun Shan Volcanic Chuster）：位于台湾岛最北端，共有20座火山。火山岩主要由安山岩和凝灰角砾岩构成，有15层，分8个亚群，以磺嘴山、冬瓜山、七星山和纱帽山最年轻。七星山海拔1 120米，是大屯火山群的主峰，火山锥形态完整，但由于火山喷发太猛烈，使火山口边缘破坏。这里地热活动强烈，多温泉，有天然蒸汽喷出，产硫黄，是中国最大的自然硫矿床产地。

本州岛富士火山（Fuji Volcano）：位于日本本州岛中南部，第四纪形成的复合火山，是日本最大的火山之一，海拔3 776米（图2-8）。最初爆发时期为第四纪后期，形成古富士山。当时的喷出物

▲ 图2-8　日本富士山

质主要是玄武岩火山渣及火山灰等。古富士火山喷发的后期有大量的熔岩流溢出，约1万年前火山活动近于停止状态，进入休眠期。在5000～6000年前，火山再次活动，在古富士火山山体上形成了圆锥形层状火山，称新富士山，最近一次喷发在1707年。

九州岛阿苏火山（Aso Volcano）： 它是位于日本九州中部的活火山，海拔1 592米，火山体的基盘为上新世至更新世的安山岩、流纹岩，破火山口形成时间约在3.3万年以前，直径达16～25千米。中岳火山口是仅有的活动火山，自553年日本首次有火山记录以来，至1984年共喷发163次。自1984年10月以来阿苏火山的活动强度有所增加。

小安的列斯群岛培雷火山（Pelee Volcano）： 该火山位于小安的列斯群岛的马提尼克岛，为第四纪形成的复合火山，海拔1 397米，火山锥的基岩为新近纪沉积岩和火山岩。1902年4月至1903年底期间，火山曾有强烈活动。1902年5月8日火山大爆发的同时，规模巨大的火山发光云以每小时200千米的高速自山顶向下倾泻，发光云温度高达1 000℃，降到附近的圣·皮尔市的火山灰温度仍达700℃，使该城市遭受毁灭性的破坏，死亡达2.8万人，仅幸存2人。

沉积作用填就冲积岛

河流挟带的泥沙顺流而下，沉积下来形成冲积岛。一般位于大河的出口处或平原海岸的外侧。

冲积岛成因

冲积岛是指河流挟带的物质在大河河口或河流、湖泊中堆积而形成的岛屿。由于它的组成物质主要是泥沙，故也叫沙岛。河流挟带着上游冲刷下来的泥沙流到水面宽阔处或河口时，流速就慢了下来，泥沙逐渐沉积，积年累月，越积越多，逐步形成高出水面的陆地，形成冲积岛

（图2-9）。世界上许多大河入海的地方，都会形成一些冲积岛。

世界最大的冲积岛是位于亚马孙河河口的马拉若岛，面积达4.01万平方千米。山东滨州及东营沿海地区的黄河入海口一带也分布着许多冲积岛。

冲积岛的位置、数量、面积、形状等容易受风暴潮、波浪、海流及河流侵蚀、淤积、堆积等作用的影响而改变。

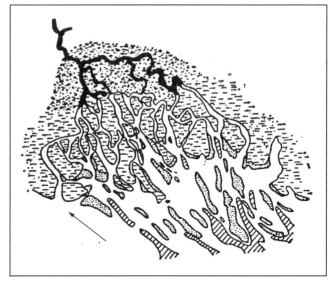

🔺 图2-9　典型冲积岛形成示意图

崇明岛的形成

崇明岛：位于长江入海口处，面积1 267平方千米，是我国第三大岛，是世界上典型的河口三角洲冲积岛。这里滩涂湿地广泛，泥滩地貌多样，具有鲜明的地质个性和丰富的地貌形态。崇明岛所在的地方过去曾经是长江口外的浅滩，由长江挟带的泥沙日积月累堆积而成。近6000年来的变化就是沙岛不断合并演化的历史。从3世纪的多个小岛发展为现在的大岛经历了1300多年，而且现在仍不断向北扩展。

崇明岛的形成主要经历了从唐初东西沙的雏形、宋元时期的扩展、明代的合并至明清基本形成三个阶段。崇明岛的雏形始见于唐代初期武德年间（618~626年），由东沙和西沙两个沙洲构成。从唐初开始，崇明岛开始发育于长江河口区的南侧。宋元时期崇明岛的发育以东沙为基础，逐渐向西北方向扩展，这是崇明岛形成的扩展阶段。至宋末元初，崇明岛大沙洲自东南新桥起至西北农场长度已接近50千米，说明崇明岛现在的基本框架已经形成（张修桂，2005）。从元末明初到清初是合并阶段，明末清初是崇明岛大型沙洲合并完成的最后阶段，崇明岛的东西范围已经形成。在崇明岛的形成过程中，冲淤变化自唐初以来从未间断。清初以来，崇明岛的冲淤变化表现为南坍北涨，北涨大于南坍，东西缓慢扩展，西扩大于东展。夏秋季节的洪水和风暴潮是冲淤变化的决定因素，而且这种由潮灾引起的冲淤变化会一直持续下去（图2-10）。

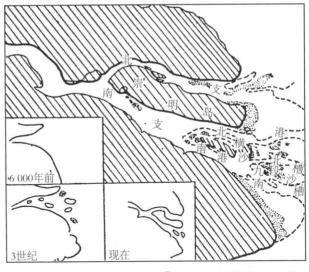

▲ 图2-10 崇明岛发展示意图

黄河入海口冲积岛的形成

黄河三角洲从诞生到现在，还不到150岁，这是我国最年轻的土地（图2-11）。在新黄河入海口和老黄河入海口分布的东营和滨州市，有冲积岛60多个（图2-12），如大口河岛（图2-13、2-14）。它们的沉积环境受河流和海积共同作用，又因地处郯庐断裂带附近，地壳运动因素也是影响这一带冲积岛形成与发展的重要因素。

地面沉降：研究结果表明，

▲ 图2-11 黄河三角洲卫星影像图

黄河三角洲是地面沉降现象较为突出的地区。据20世纪50~80年代的渤海西、南岸几个观潮站的观测资料显示，黄河两侧有两个下沉速率为5毫米/年的沉降漏斗。1953~2000年，黄河三角洲地区的地面沉降现象普遍，沉降量一般为4~8毫米/年，

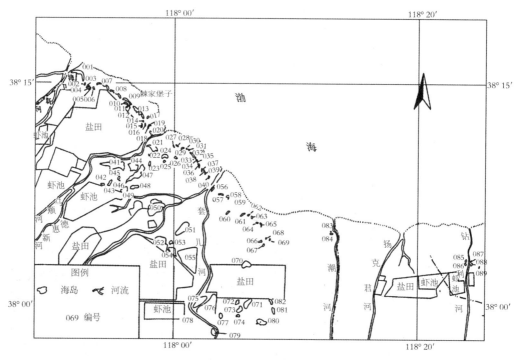

▲ 图2-12 黄河三角洲冲积岛分布简图（《山东省海岛志》）

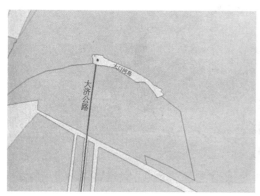

▲ 图2-13 大口河岛地理位置图

▲ 图2-14 大口河岛遥感影像图

东营市区及附近石油开采区更为突出，年均沉降量为10毫米左右。分析下沉原因有四点：（1）地壳构造沉降。本区地壳发生连续而缓慢的凹陷，导致地面沉降持续发展，现代黄河三角洲在发育过程中由于构造运动引起的地面下沉速率为2～3毫米/年。（2）三角洲土体自然压实沉降。三角洲下部浅海环境下堆积了厚层的粉土-黏性土层，三角洲废弃后，这些地层仍会发生明显的固结沉降。由前湾、前三角洲和三角洲前缘堆积的土层压缩厚度可达1.3～1.5米。（3）全球海平面上升。全球海平面约以1～2毫米/年的速度上升，同样造成三角洲相对下沉现象。（4）人类活动导致地面沉降。开采石油和天然气、

过量开采地下水引发地面沉降，城镇建设增加负荷造成地面沉降。因此，综合效应使得三角洲下沉突出。

黄河泥沙沉积：黄河是我国第二长河，是世界上著名的多沙河流，平均径流量为4.82×10^{11}立方米，年均输沙量为1.2×10^{10}吨。到山东利津站，由于河流引水失沙及河岛淤积，输沙量降为10.43×10^8吨，含沙量约为24.5千克/立方米。虽然含沙量有所减少，但与世界上一些国家的河流相比还是高得多，成为年输沙量和含沙量最大的河流。每年10多亿吨泥沙堆积在河口及其附近海域，发育成三角洲。随着尾闾摆动，入海河口的迁移，有的岸段和岸堤在冲蚀后退过程

——地学知识窗——

沉积作用

被搬运的物质（泥、沙等）由于搬运介质（如河水）的物理、化学条件的改变，呈有规律地沉淀、堆积的现象叫沉积作用（deposition, sedimention）。沉积作用一般分为大陆和海洋两类。大陆沉积作用按照介质的不同有风、地面流水、地下水、冰川和湖泊、沼泽等沉积类型；海洋由于能接纳由各种外力地质作用搬运来的物质，同时由于海底剥蚀作用相对减弱，因此沉积作用很发育。按照沉积作用的方式可以分为机械沉积、化学沉积和生物沉积三种类型。大陆或海洋中由于生物遗体或生物分泌物质堆积而形成的沉积称为生物沉积。

中逐渐被改造成岛屿。这类岛屿主要分布在老黄河三角洲附近。沙岛高度不大，一般1～4米，岛屿的物质组成不一致，有些是粉沙黏土互层，水平层理发育，有些是粉沙和细沙组成，更多的是以贝壳、贝屑为主组成的贝壳岛或贝壳沙岛。这类岛屿的数量、面积和位置随着河流尾闾的摆动以及海岸淤涨蚀退等海平面的变动而有所变化。

海洋作用：在黄河入海口，由于黄河故道留存的天然残留体分布在特大高潮线附近略高于潮上带滩面，形成残留冲积岛。它的形状不规则，周围被潮沟切割，地表植被比较发育，可作为农田耕种。贝壳堤岛是在海浪和潮汐的动力作用下，特别是受风暴潮的影响，潮间带贝壳碎片向高潮线附近堆积，和陆地冲刷下来的泥沙共同形成的贝壳堤形态。

生物作用生成珊瑚岛

珊瑚岛成因

珊瑚岛也是海洋岛的一种，是由珊瑚（图2-15）以及石灰藻、软体动物和有孔虫等的分泌物、骨骼残体等生物遗骸集聚而成，这些碳酸钙物质经长期压实、石

▲图2-15　水下珊瑚

化便形成岛屿和礁石，即成为珊瑚礁岛屿及礁体（图2-16）。

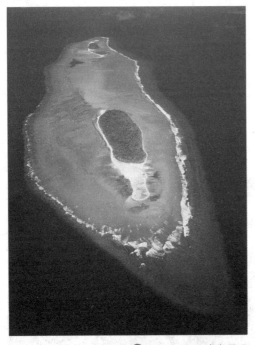

▲ 图2-16 珊瑚岛景观

世界上的珊瑚礁主要分布在南、北纬30°之间的海域中，尤其是太平洋中、西部。按照形态分为裙礁（*岸礁*）、堡礁、环礁、桌礁及一些过渡类型。据估算，全世界珊瑚礁连同珊瑚岛面积共计1 000万平方千米。珊瑚礁生长速度一般为每年2.5厘米左右。

岸礁指发育在海洋岸浅水区呈带状分布的礁体或珊瑚岛。岸礁生成后其外侧可继续增长，形成宽度不一的礁平台，但坡度较陡峻。在巴西海岸、西印度群岛、太平洋中的岛屿以及我国海南岛、台湾岛的某些地区都有发育。

海洋中呈环状分布的珊瑚岛为环礁。中间有封闭或半封闭潟湖或礁湖，但没有非珊瑚礁成因的中央岛屿。有的露出海面的高度达几米，呈圆形、椭圆形及马蹄型，直径1～130千米，深度数米至百余米。面向海一侧的斜面较陡，可达45°，上部甚至达90°。环礁内一般有厚达1 000余米的造礁石灰岩。一般分布在珊瑚易于生长的太平洋和印度洋的热带和亚热带海洋上，比较典型的是马绍尔群岛和马尔代夫群岛的环礁。

海洋中绕岛屿或大陆作堤状分布的珊瑚岛又称堤礁、离岸礁。它与海岸之间有较深而宽的潟湖或礁湖隔开，主要分布在火山岛周围及大陆外堡礁海。

在珊瑚岛的表面常覆盖着一层磨碎的珊瑚粉末——珊瑚砂和珊瑚泥。珊瑚岛一般面积较小，地势低平，结构较复杂，缺少淡水。

珊瑚岛有独特的发育过程。据奎宁（Kuenen）的资料，珊瑚礁的成长速度为0.5～2米/百年；据马廷英的资料，我国西沙群岛为0.3米/百年。因为珊瑚有特定的生活条件，又有悠久的生存历史（从寒武纪到现在），根据珊瑚礁的存在及

——地学知识窗——

珊 瑚 虫

　　珊瑚虫（sanga）是海洋中的一种腔肠动物，在生长过程中能吸收海水中的钙和二氧化碳，分泌出碳酸钙，变成自己的外壳。珊瑚千姿百态，有扇形、鹿角形（图2-17）、半球形（图2-18）等。每个珊瑚虫单体很小，只有米粒大小，它们一群群地聚居在一起，一代一代地新陈代谢，生长繁衍，同时不断分泌碳酸钙并黏结在一起，长期积累形成珊瑚。有人把石珊瑚称为"海洋建筑工程师"。

🔺 图2-17　鹿角珊瑚

🔺 图2-18　半球形珊瑚

厚度可以推断它生长的自然地理环境及其后的地壳运动性质与特征。对于确定古海岸位置和古沉积矿产的分布十分重要。另外珊瑚礁也是石油、天然气、铝土矿、煤炭等的蕴藏场所。它本身也是重要的建筑材料。珊瑚的发育对海岸起着保护作用，但是也常造成沿海航运的障碍，在热带由于生长繁殖快，可以使港湾淤积甚至封闭。

典型岛屿

大堡礁：大堡礁保护区是全球面积最大的自然遗产地，位于澳大利亚东北部昆士兰州东海岸沿线的太平洋上，纵贯澳大利亚东北部沿海，北到托雷斯海峡，南到南回归线以南，延伸2 011千米，东西宽150～200千米。大堡礁是全球最大最长的珊瑚礁群落，含400种珊瑚、1 500种鱼类和4 000种不同类型的软体动物，也是海牛、大绿龟等濒危物种的栖息地。大堡礁还是海洋生态旅游的天堂。

大堡礁形成于中新世时期，到现在大约有2500万年的历史了。目前它的面积还在不断扩大。大堡礁水域共有大小岛屿600多个，其中，绿岛、丹客岛、磁石岛、哈密顿岛、蜥蜴岛等面积较大。这里生活着很多种类的活珊瑚，它们的分泌物和其他一些物质构成了今天的珊瑚礁。奇怪的是，营造如此庞大"工程"的珊瑚虫是直径只有几毫米的腔肠动物。珊瑚虫只生活在水温22～28℃的水域，而且水质必须优良、透明度高。澳大利亚东北部的岸外大陆架海域正具备珊瑚虫生长的条件。老一代珊瑚虫死后留下遗骸，新一代继续发育繁衍，年复一年，日积月累，珊瑚虫分泌的石灰质骨骼以及藻类、贝壳等海洋生物残骸胶结在一起，堆积成一个个珊瑚礁体。珊瑚礁的形成非常缓慢，在最好的条件下每年也只有3～4厘米。有的礁体厚达数百米，说明这些岛礁已经经历了漫长的岁月。同时也说明这一地区在地质历史上曾经历过沉陷过程，使喜好阳光和食物的珊瑚不断向上生长。珊瑚礁平时大部分隐在水中，只有低潮时略露礁顶，珊瑚礁不断生长，新珊瑚露出海面，很快被盖上一层白沙，生长出植物。这些最先生长的植物繁殖速度惊人，它们结出的耐盐果实可以在水上漂浮数月，直到漂到适合的地方才生根发芽。

西沙群岛：西沙群岛位于南海西北部、海南岛东南部，共有32个岛屿，东面主要为宣德群岛，由7座主要岛屿组成，西面为永乐群岛，由8座岛屿组成。岛屿周围有零星的礁、滩、沙洲，因此当地渔民习惯称这些岛屿为"东七西八"。

西沙群岛四周的海域海水清澈洁净，能见度最高达到40多米。西沙群岛地处热带，年平均气温26℃，海水的温度、盐度和透明度都非常适合珊瑚的繁衍生长（图2-19）。南海诸岛几乎都是由珊瑚礁形成的环礁。这里是我国造礁珊瑚的重要分布区域，其中以南沙群岛和西沙群岛的珊瑚资源最为丰富，仅西沙群岛的造礁珊瑚就有38属127种之多。西沙群岛的石珊瑚涵盖了华南沿海的珊瑚种类，除石珊瑚外还有数十种具有各种花纹的软珊瑚。

▲ 图2-19　西沙群岛的珊瑚礁（查春明摄）

气候变化影响岛屿

地质历史时期的古气候冷暖变化引起海平面升降导致岛屿的产生与消失，全球变暖对海平面和岛屿也产生重要影响。

第四纪古气候的波动

根据长期的科学研究，地质历史经历了多次气候波动。古气候是指现代气候以前的气候，包括历史时期气候和地质时期气候，其中第四纪的气候对现代岛屿的形成具有重要意义。第四纪是地球历史上最后一个纪，是指258.8万年（2010年国际地质科学联合会和国际地层委员会专家投票决定）至今的这一时期。该时期气候波动十分显著，出现了多次大规模的冰川活动。冰川活动的强弱是冰期和间冰期的直接表现。

第四纪海平面的波动

第四纪世界海平面曾发生多次升降。海平面升降有两种类型：地动型和水动型。地动型是地壳运动引起的。关于水动型，一般认为与第四纪大陆冰川作用有联系，是全球性的。也就是说在冰期时代，大量水分凝固在陆地上，引起了海平面的下降或海退（低海平面时期）；间冰期时大陆冰盖融化成水，流回到海洋引起海平面的上升或海进（高海平面时期）。根据计算，如果现代陆地上的冰川全部融化，世界海平面将要上升85米左右。由于

——地学知识窗——

古 气 候

与日常生活中短暂的天气（几小时到几天、十几天尺度）概念相比，古气候（paleoclimate）是指一个地区在较长的时期（几十年到几千、上万年尺度）内各种气象要素（如降水量、气温、风力和风向等）的综合表现。当代地球科学研究中所指的"古气候"包括两种范畴：一是地质历史中的古气候，包括地球早期自有内外力地质作用并保存物质记录以来的整个地史时期的古气候变化史；二是人类历史中的古气候，一般指第四纪或人类出现以来的气候变化史。

古气候研究对地层对比划分、地壳演化史的探讨以及矿产资源的成因与预测都具有指导意义。

第四纪多次冰川性气候的波动，科学家推断会引起世界海平面多次升降和海进海退，这种推断得到先进科学方法的证实。

冰期时，由于海平面的下降，部分大陆架与陆地相连，大陆暂时扩大，许多岛屿变成陆地山岳；间冰期，海平面上升，露出海面的陆地又沉没于海水之下，陆地山岳变成大大小小的岛屿（表2-1）。

表2-1　　　　　　　　　　　第四纪各冰期和间冰期气候

时代	名称	年平均气温（℃）	年降水量（mm）	植被带或气候
第四纪	玉木冰期	比现在低6℃		苔原（冰缘）
	里斯—玉木间冰期	比现在冬季低3.5℃，夏季高5.5℃		冷→温→较冷→冷
	里斯冰期	比现在低7℃以下		苔原
	民德—里斯间冰期	较现在高2~3℃		冷→温→冷
	民德冰期	比现在低5℃	400	北极或高山苔原
	贡兹—民德间冰期	比现在低1℃	500	亚北极介于冷暖落叶林带与苔原之间
	贡兹冰期	比现在低4~5℃	700	冷
	多脑—贡兹间冰期	与现在相似	600	与现在相似
	多脑冰期	比现在低2~3℃	800	冷
新近纪	上新世	比现在高1℃	2 000	温湿
		比现在高6℃	1 000	接近亚热带

——地学知识窗——

冰期和间冰期

冰期（glacial period）是指第四纪地球上气候显著变冷的时期，极地或高山上的冰盖变大变厚，并向中纬度推进或高山冰川向下移动；间冰期（interglacial period）是在两个冰期之间的温暖时期，大陆的冰盖缩小，并向极地后退或者高山冰川退缩。目前现代冰川（图2-20）只分布在极地和高山地区，分布面积占地球总面积的10%左右，而在第四纪冰川作用的全盛时期，全球冰川的覆盖面积达到地球总面积的32%，欧洲和北美洲的大部分曾被冰川覆盖，我国也曾广泛发育山地冰川。

科学家根据对世界大陆架、岛屿、海岸等证据的研究，对上更新世到现代全球性冰川性海平面波动（*水动型*）取得了如下认识：

根据大量^{14}C年龄资料，从距今14 000年开始，世界海平面有一次急剧上升，在6 000年前达到现在海平面高度，以后逐渐趋于稳定。这时世界进入冰后期，气候转暖，冰川大量融化引起海面上升，形成全新世海侵。

根据中国几十年来的研究，有人认为我国东部平原全新世海进相当于距今14 000~6 000年世界性海平面上升时期，这一海进之后又有较小的波动，如"天津育婴堂贝壳堤（距今5 500年）""巨葛庄贝壳堤（距今3 040年）""歧口贝壳堤（距今2 020~1 080年）"等都是不同时期海进遗留的沉积物。

全球变暖与海平面上升

根据著名学者任美锷先生的研究（《全球气候变化与海平面上升问题》），人类活动对环境以及人类生活本身的影响是巨大的。工业革命以来，大气中二氧化碳（CO_2）以及其他微量气体（N_2O，CH_4等）的增加引起了全球气候变化。这种气候变化的影响在广度上说是全球的，在深度上说几乎影响到人类生活的各个方面，因此是全球变化。而近百年来大气中二氧化碳及其他微量气体的增加，几乎完全是由人类燃烧化石燃料、破坏热带森林、从事农业活动等造成的。工业革命前，大气中的二氧化碳浓度估计值为260～290 ppm，1985年已达到345 ppm。根据模型计算，如大气中的二氧化碳及其他微量气体的浓度增加一倍，全球平均温度将升高1.5～4.5℃（2050~2100年）。据世界气象组织1986年计算，最近100年来，世界平均温度增加了0.3～0.7℃。由于气象模型还很不完全，预测的增温有很大不确定性（表2-2）。

表2-2　　　　1985~2185年世界海平面上升量估计表　（Hekstra，1986）

上升原因	1985~2085年（厘米）	2085~2185年（厘米）
基本上升量	20	20
由于海水受热膨胀	8～96	2～6
由于高山冰川融化	15～25	0～5
由于格陵兰冰盖融化	4～8	13～35
由于南极洲冰盖增长	−5～0	−30～0
由于西南极洲冰盖解体	0	26～28
合计	42～69	31～94

——地学知识窗——

全球变暖

　　全球变暖（global warming）是指在一段时间内，地球的大气和海洋的平均温度上升的现象。除冰川期后自然升温外，人们燃烧化石燃料，砍伐并焚烧森林，产生二氧化碳等多种温室气体，这些温室气体对来自太阳辐射的可见光具有高度的透过性，而对地球反射出来的长波辐射具有高度的吸收性，能强烈地吸收地面辐射中的红外线，导致全球气候变暖。

36

全球变暖会使全球降水格局发生变化，加速冰川、冻土的消融，引起世界平均海平面上升，改变自然生态环境（图2-21）。但是世界海平面的上升的因素是复杂的，重要因素有海水的受热膨胀、高山冰川和冰盖的退缩、格陵兰和南极洲冰盖的加积与消蚀比例的变化、西南极洲冰盖的解体等。

全球变化对岛屿的影响主要体现在岛屿陆地面积减小，有些岛屿从此消失，增加港口码头及防波堤的压力，现有岛屿生态环境系统的破坏，破坏岛屿河流及地下水系统的平衡，等等。

由于人类活动和气候变暖等原因，全世界大约80%的珊瑚岛礁已经走上缓慢死亡的道路。即使保存完好的澳大利亚大堡礁，事实上已有三分之一的珊瑚礁正在走向灭绝。

典型岛屿——庙岛群岛

庙岛群岛位于山东东北部渤海与黄海的交汇处。在亿万年的地球冷暖交替变化中，庙岛群岛也经历了无数次的沧桑之变。有时被淹没，有时半隐半现，有时裸露无遗。尤其是进入地质历史时期的第四纪，这一时期又分四个阶段：①早更新世

▲ 图2-21　格陵兰冰川消融

时期，群岛地势较高，基岩裸露，地表遭受风化剥蚀，渤海湾为陆地平原。早更新世晚期，地球冰川大量融化，海洋水量急剧增加，海水向渤海和华北平原涌去，经过几千年的不断上涨，最后一直淹没到沧州（**史称沧州海侵，距今100万~73万年**），整个山东东部、河北南部成了海底世界。从此，庙岛群岛中的山岳变成大大小小的岛屿，庙岛群岛逐渐形成。②中更新世中期，气候干旱，海水退出渤海湾，这里又变成了陆地。③晚更新世，全球海面上升，渤海发生大规模海侵，群岛耸立海中。在晚更新世以来的数万年期间，随着海面的剧烈变化，渤海盆地数次海陆变迁，群岛时隐时现。约在39 000年前开始的海侵，在距今35 000年前左右范围达到最大，这里被包围成群岛，和现在的轮廓基本类似。晚更新世晚期，也正是玉木冰期的晚期阶段，海水退出渤海，这里又变成了渤海平原。群岛耸立在平原中。尤其是在15 000~18 000年前的盛冰期阶段，这里干燥寒冷，形成了广布群岛的马兰黄土。④冰后期，海水入侵渤海，于距今8 600年前后发生了最后一次规模较大的海侵。在距今5 000~6 000年前，海面上升到最大高度，超过现今海面5米左右，此时庙岛群岛格局已奠定。后来海面又有所下降，达到现今海面位置。

Part 3 全球名岛览胜

　　有位老航海家说"世界上的岛屿像天上的星星，谁也数不清"，形容世界岛屿之多。最小的岛屿在水面只露出一块几平方米的礁石，最大的岛屿格陵兰岛的面积则达200多万平方千米。有众多的岛屿分布在四大洋中……

世界岛屿概况

据概略统计，地球上的岛屿总面积约为977万平方千米，约占全球陆地总面积的1/15。主要群岛有50多个，它们似繁星点点散落在海洋中。

岛屿

世界上海洋中的岛屿大多数位于大陆的东岸地带。从地理分布看，世界七大洲都有岛屿。其中，北美洲岛屿面积最大，达410万平方千米，占该洲面积的20.37%；南极洲岛屿面积最小，约7万平方千米，占该州面积的0.5%。南极洲最大的岛是位于别林斯高晋海域的亚历山大岛，面积43 200平方千米；南美洲最大的岛是位于南美大陆最南端的火地岛，面积48 400平方千米（图3-1）。

太平洋是岛屿最多的海洋，约有1万个，较大的岛屿近3 000个，总面积约

▲图3-1　火地岛风光

440万平方千米，约占世界岛屿总面积的45%，最大的岛屿为新几内亚岛，仅次于北大西洋的格陵兰岛，是世界第二大岛。太平洋西部的岛屿多是大陆岛，如加里曼丹岛。中南部的岛多为火山岛、珊瑚岛。北冰洋中的岛屿面积约为400万平方千米，约占世界岛屿总面积的41%；大西洋中的岛屿面积约为90万平方千米，约占世界岛屿总面积的9%；印度洋中的岛屿面积约为40万平方千米，约占世界岛屿总面积的5%。很多岛屿是无人居住的（表3-1）。

群岛

世界上主要的群岛有50多个，分布在四个大洋中。太平洋海域中群岛最多，有19个；大西洋17个；印度洋9个；北冰洋海域中有5个。世界上最大的群岛是马

序号	位置	名称	面积（万平方千米）	所属国家
表3-1		世界主要岛屿一览表		
1	北美洲东北部	格陵兰岛	217.5	丹麦
2	太平洋西南部	伊利安岛（新几内亚岛）	78.5	印度尼西亚、巴布亚新几内亚
3	东南亚	加里曼丹岛	73.4	印尼、马来西亚、文莱
4	印度洋西部	马达加斯岛	59.5	马达加斯加
5	加拿大东北部	巴芬岛	50.7	加拿大
6	亚洲	苏门答腊岛	43.4	印度尼西亚
7	亚洲	本州岛	22.7	日本
8	大西洋	大不列颠岛	22	英国
9	加拿大北部	维多利亚岛	21.7	加拿大
10	加拿大北部	埃尔斯米尔岛	19.6	加拿大
11	印度尼西亚	苏拉威西岛	17.9	印度尼西亚
12	塔斯曼海东南部	南岛	15	新西兰
13	印度尼西亚	爪哇岛	12.6	印度尼西亚
14	塔斯曼海东南部	北岛	11.5	新西兰
15	加拿大东南部	纽芬兰岛	11.1	加拿大
16	大安的列斯群岛	古巴岛	10.78	古巴
17	菲律宾	吕宋岛	10.46	菲律宾
18	大西洋	冰岛	10.3	冰岛

来群岛，它位于亚洲东南部太平洋与印度洋之间辽阔的海域上，分属印度尼西亚、马来西亚、文莱、菲律宾、东帝汶等国。由苏门答腊岛、加里曼丹岛、爪哇岛、菲律宾群岛等2万多个岛屿组成，沿赤道延伸6 100千米，南北最大宽度3 500千米，陆地总面积约243万平方千米。除马来群岛外，世界上较大的群岛有：位于北美洲北部的北冰洋海域的加拿大北极群岛，面积130万平方千米；位于太平洋西部海域的日本列岛，面积37.75万平方千米；位于大西洋东北部的不列颠群岛，面积32.5万平方千米；位于大西洋西北部

的西印度群岛，面积24万平方千米。世界上最小的群岛是位于南太平洋萨摩亚群岛北部的托克劳群岛。它由3个珊瑚环礁组成，面积仅有10平方千米。

夏威夷群岛

夏威夷群岛（Hawaiian Islands）位于太平洋中部，是波利尼西亚群岛中面积最大的一个二级群岛，共有大小岛屿130多个，总面积16 650平方千米，其中夏威夷、毛伊、瓦胡、考爱等8个较大的岛屿有居民居住（图3-2）。

夏威夷群岛主要岛屿是由海底火山

▲ 图3-2 空中俯视夏威夷

上涌露出海平面形成的，岛上地貌呈平缓的穹隆状，是盾形火山的典型代表。岛上最壮观的景观是正在喷发的火山。喷发活动虽然频繁，但没有强烈的爆炸和大量喷发物质，因此非常适合游人观赏。

由于雨水充沛，阳光充足，岛上的丘陵和山地被浓密的森林和草地覆盖，各种热带植物争奇斗艳，与优美的海湾、洁净的海滩组成了世界上罕见的风景区，是著名的旅游休闲胜地（图3-3）。

夏威夷群岛不仅有火山、丛林、沙滩等壮美的自然风光，还因为地处太平洋中部，是美、亚、澳三大陆的海空交通中心，有非常重要的战略地位，被称为太平洋的"十字路口"。这里有重要的交通枢纽瓦胡岛，有举世闻名的珍珠港。从1911年起，珍珠港就是美国太平洋舰队和空军的重要基地。

加拉帕戈斯群岛（科隆群岛）

加拉帕戈斯群岛（Galapagos Islands）

▲ 图3-3 夏威夷风光

▲ 图3-4 加拉帕戈斯群岛火山地貌

位于厄瓜多尔西海岸约1 000千米的太平洋赤道水域，是由火山喷发而形成的群岛（图3-4），最大的岛屿为伊莎贝拉岛。加拉帕戈斯群岛是目前《世界遗产名录》中的第二大自然保护区域，核心保护区面积140 665.14平方千米。目前，仍在进行的地震和火山活动见证着群岛的成长过程。正是这些复杂活跃的地质过程和偏僻的地理位置促成了加拉帕戈斯群岛上非同寻常的生物演化格局。加拉帕戈斯群岛地处三股洋流的交汇地带，是海洋生物大合流的中心，19座岛屿及其周边的海洋保护区是"生物进化的天然博物馆与陈列馆"。这里的动物有以下特点：当地特有的种属占很大比例，所有爬行动物和大部分留鸟都是当地特有种属；一些品种在不同岛屿上已有亚种；许多特有种类是由于适应性而进化的，如会游泳的海鬣蜥（图3-5）就是该群岛特有的，这种鬣蜥食海草，在有些地方成千上万地趴在岩石上；大陆上的巨龟已经绝迹，但是在这里较大的岛上有少数作为遗留物而存在。

1835年，26岁的达尔文在这里用一个月的时间采集标本，岛上的一些物种的差异和特异引起了他强烈的兴趣，为他在1859年发表的《物种起源》一书提供了动力和信心。加拉帕戈斯群岛成为生物学家和爱好者必去的圣地。

安达曼群岛

安达曼群岛（Andaman Islands）位于亚洲南部的孟加拉湾和安达曼海之间，靠近马六甲海峡，战略地位重要。安达曼群岛由204个岛屿组成，南北呈长条形排列，以北安达曼、中安达曼、南安达曼、小安达曼岛为主，中安达曼岛是最大的一个岛。群岛总面积6 461平方千米。多山地、丘陵，全年湿热，年降水量2 000多毫米。

安达曼群岛是海底山脉突出水面的高耸部分，这条海底山脉从缅甸阿拉干山脉最南端的内格雷斯角起，穿过苏门答腊和爪哇岛绵延至小巽他群岛，在地质上与阿拉干山脉有许多相似的特点。

图3-5 海鬣蜥

多彩风光之岛

海岛孤立于大海中，分布在地球上不同海域、不同纬度地区的岛屿形成丰富多彩的地貌景观，有山岳，有沙滩，有蓝蓝的天空、清清的海水和丰茂的森林……

炫丽极光之岛——格陵兰岛

格陵兰岛是世界上最大的岛，面积达217.5万平方千米，也是世界上最古老的岛屿，其寿命有38亿年之久（图3-6）。距加拿大的埃尔斯米尔岛26千米，与冰岛相隔320千米宽的丹麦海峡。

格陵兰岛由高耸的山脉、庞大的冰山、壮丽的峡湾和贫瘠裸露的岩石组成（图3-7）。大部分区域位于北极圈内，漫长的冬季看不见太阳，属阴冷的极地气候。冬季平均气温，岛南部为-6℃，北部为-35℃；夏季平均气温，最北部为

▲ 3-6 格陵兰岛冰雪世界

▲ 3-7 格陵兰岛高耸的山峰

3.6℃，南部为7℃。每年5月份，太阳升上天空就不肯落下去；到了7月底，太阳落下去又不肯出来。这里极夜景色美丽，星光闪烁，经常可以看到各种各样绚丽无比的极光。格陵兰岛是一个美丽并存在巨大地理差异的岛屿。岛屿东部海岸多年来堵满了难以逾越的冰块，自然条件极为恶劣，交通困难，人迹罕至。因此，这一辽阔的区域成为北极的一些濒危植物、鸟类和兽类的天然避难所，是北极熊的乐园。

爱情岛——关岛

关岛位于太平洋西部马里亚纳群岛的最南端，同时也是马里亚纳群岛中最大的岛屿，岛长约52千米，总面积209平方千米（图3-8）。

关岛是火山爆发后形成的火山岛。岛陆沿海多悬崖，平原狭窄。这里海水清澈，有400余种珊瑚和700多种鱼类，是全球最美丽的海底世界之一。同时，岛上还有多处高尔夫球场，其中有7处被列入世界最佳高尔夫球场。关岛每年吸引上百万游客前来度假。

关岛最著名的景点是坐落在杜梦湾的情人崖（图3-9），崖高115米，陡峭的崖壁从海面突兀而起，景色优美。目前，这里是结婚新人理想的旅游选择地，因此关岛被称为"爱情岛"。

关岛是第二次世界大战进入尾声时

▲ 图3-8　关岛风光

▲ 图3-9　情人崖

日军的一个指挥部，附近的海底有两次世界大战遗留的战舰残骸等大量遗物。

浪漫之岛——济州岛

济州岛是韩国第一大岛，位于韩国陆地南约90千米的海域中，面积1 825平方千米，含26个小岛，是由火山喷发形成的海洋岛。

火山活动形成了济州岛奇特的地貌形态（图3-10、3-11），历史上熔岩流经的地方形成了大量形态各异的洞穴、熔岩柱。济州岛是韩国平均气温最高、降水最多的地方。植被茂密，景色宜人，每年吸引成千上万的游客前来休闲观光。

位于济州岛中部的汉拿山是一座火山锥，最后一次喷发是在1007年，在山中已发现15条熔岩流，正是这些熔岩流塑造了这里千姿百态的洞穴、熔岩柱和千奇百怪的岩石地貌。

济州岛在938年前为独立王国，到高丽王朝（935~1392）和李朝（1392~1910）时期是政治流放地和养马场。首府济州是全岛的重要港口。

▲ 图3-10　济州岛火山地貌

▲ 图3-11　济州岛火山地貌

海底山脉群峰出露——大西洋群岛环礁保护区

费尔南多—迪诺罗尼亚岛和罗卡斯环礁保护区位于巴西东北部北里奥格兰德州东北方向的大西洋水域，保护区核心区422.7平方千米。这些群岛和环礁是南大西洋海底山脉群峰出露海平面而形成的，是世界自然遗产地（图3-12）。群岛区域是大西洋海域热带鱼、鸟最为集中的家园，是南大西洋热带海域的天然水族馆。这里是金枪鱼、鲨鱼、海龟和海洋哺乳动物繁殖与进食的重要基地。

图3-12　大西洋风光

冰火之国——冰岛

冰岛位于欧洲西部的北极圈附近，面积10.3万平方千米。冰岛是岛屿火山地貌、冰川地貌的典型代表。6 000多万年前，靠近北极的北大西洋海底火山爆发引起了地壳的变动，火山岩浆不断凝固就形成了冰岛。

冰岛的第四纪大陆冰川达700米厚，它的南部和中部保存着大面积的冰盖，冰川面积占总面积的11.5%。冰岛目前至少有200座火山，其中活火山30多座，平均5年就有一次大规模的喷发活动，因此，火山喷发至今仍改变着冰岛的地形地貌（图3-13）。冰岛也是世界上温泉最多的国家，全岛约有200个碱性温泉，最大的温泉涌水量每秒可达200升（图3-14）。

▲ 图3-13 冰岛火山

▲ 3-14 冰岛火山温泉

璀璨明珠——塞班岛

塞班岛位于太平洋西部，菲律宾与太平洋之间，面积约185平方千米，属亚热带海洋性气候。塞班岛是北马里亚纳群岛中最大的岛屿，岛上天然的原始风貌和自然美景让人流连忘返（图3-15）。公元前3 000年左右，一支来自印度尼西亚的航海民族驾木舟来到马里亚纳群岛，群岛上的优越自然条件使他们不愿离开，从此在岛上定居下来，成为这里的土著居民—查摩罗人。

塞班岛界于东海、南海和西太平洋之间，被海沟和岛弧包围。东面是世界上最深的海沟—马里亚纳海沟，西面的菲律宾海是世界上最深的海；西部是日本群岛—琉球群岛—台湾岛—菲律宾群岛岛弧，东面、南面是伊豆诸岛—小笠原群岛—火山列岛—马里亚纳群岛—加罗林群岛。

▲ 图3-15　塞班岛风光

主要自然景观有丘鲁海滩、鸟岛、喷水洞（图3-16）、蓝洞、军舰岛以及二战遗迹等。

印度洋上的"花环"——马尔代夫群岛

马尔代夫，被称为"地球上最后的香格里拉"，位于印度与斯里兰卡西南650千米的印度洋上，由26组珊瑚环礁构成，有大约1 190个岛屿，其中约200个有人居住，面积只有298平方千米（图3-17）。"马尔代夫"在梵语中是"花环"的意思。马尔代夫主要景区有太阳岛、卡尼岛、索尼娃姬丽岛、拉古娜岛等。这里海域辽阔，渔业资源十分丰富，盛产鲣鱼和金枪鱼，同时还是全球三大潜水基地之一。

马尔代夫平均海拔1.5米，最高2.3米，是全球海拔最低的国家。2004年东南亚海啸时，马尔代夫瞬间失去40%的国土面积。由于气候变暖，冰川、冰帽和极地冰盖融化。有专家预测，最快100年内，海面上升将淹没整个马尔代夫。因此，马尔代夫十分重视环境

▲ 3-16　喷水洞

▲ 3-17　马尔代夫群岛

保护，严禁私自采摘、践踏或出口任何种类的珊瑚，居民自发收集岩石巩固海岸。

"硅岛"——九州岛

九州岛（图3-18）位于日本西南端，是日本第三大岛，日本集成电路工业的重要基地，面积3.65万平方千米，加上外围小岛面积约4.34万平方千米。它是火山喷发形成的火山岛，由于火山活动，这里的温泉资源十分丰富，是日本观光的主要目的地之一。1945年8月9日，美国在九州岛的长崎投下了一枚原子弹，震惊世界。如今的长崎和平纪念馆就建在当年原子弹爆炸中心的北侧。九州岛是自然与历史文化结合的美丽小岛。

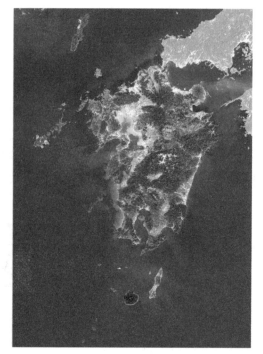

▲ 图3-18　九州岛

丰饶物产之岛

浩瀚的海洋有无尽的宝藏，在有限的海岛陆地上有丰富的人们赖以生存的各类动植物资源、矿产资源。让我们一起去领略吧……

香料之岛——格林纳达岛

格林纳达岛（图3-19）位于加勒比海向风群岛的最南端，是火山喷发形成的火山岛，面积344平方千米，属热带海洋性气候（图3-20）。格林纳达岛是在1498年被哥伦布发现的。这里平均每平方千米土地上的香料比世界其他任何地方都多，因此有"加勒比海香料岛"之称。这里有肉豆蔻、多香果、丁香、肉桂、月桂、黄姜和美果榄等植物，其中肉豆蔻的产量仅次于印度尼西亚居世界第二，出口量占全世界肉豆蔻总需求的1/3，因此，肉豆蔻及其加工制品出口是该岛经济的支柱产业。

肉豆蔻也称"肉果""玉果"，属于木兰科常绿木本植物。中医认为豆蔻有

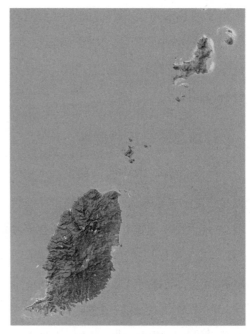

▲ 图3-19 格林纳达岛

▲ 图3-20 格林纳达岛风光

止泻、清热解毒、开胃健脾、祛瘀消肿等功效，可治疗恶心、头涨、痢疾、痔疮等疾病，还有一定的抗癌功效，可作为香料和药材。

珍珠岛——巴林群岛

巴林群岛位于波斯湾西南部，由巴林岛和周围33个小岛组成。属热带沙漠气候，7～9月份平均气温35℃，夏季炎热而潮湿，11月至次年4月气温在15～24℃之间，温和宜人。巴林群岛以生产珍珠闻名全球，这里产出的珍珠数量多、质量好，采珠业是巴林的传统产业。此外，巴林岛上还有众多的古墓群，占地30多平方千米，这里的墓葬群是世界上最大的史前时期的冢林，因此这里也有"万冢之岛"的称谓。据不完全统计，这里有17万座以上的古墓，古墓的时代上限在公元前3000年的青铜器时代。

物种天堂——圣赫勒拿岛

圣赫勒拿岛位于南大西洋的中部，面积258平方千米，有两个属岛分别是阿森松岛和特里斯坦—达库尼亚群岛。为海洋性气候，年平均温度21℃，年平均降雨量约500毫米。当地的植物有菜棕、柳杉、桉树、竹、蕉树和橡树等；主要野生动物有绿龟、燕鸥、海燕、军舰鸟、金丝雀、鹧鸪、八哥、腊嘴雀等。著名生物学家达尔文曾赞叹这里是物种天堂。现在岛上还能看见达尔文当年骑过的巨龟，能看到奇特的圣赫勒拿岛蝴蝶，但这里特有的圣赫勒拿橄榄树已于2003年灭绝，独一无二的红杉也濒临灭绝。当地已经建立了珍稀动植物保护公园，以减缓这些珍稀物种的灭绝速度。

蔗糖之岛——古巴岛

古巴岛（图3-21）是海明威《老人与海》的诞生地。位于加勒比海西北部，面积10.5万平方千米，是西印度群岛中最大的岛屿，属热带雨林气候。1492年，哥伦布航海途中发现了古巴岛，1508年他第二次到达美洲来到古巴时，带来了甘蔗的根茎。甘蔗现在是古巴的主要经济作物。古巴地处热带，四面环海，终年无霜，降水丰沛，非常适合甘蔗的生长。古巴是世界第四大食糖出口国，是著名的蔗糖之乡（图3-22）。

图3-21　古巴岛

图3-22　古巴岛上的甘蔗园

神秘奇特之岛

海岛广泛分布于海洋中，每个岛屿都有自己独特的地质成因，有些充满了神秘色彩，是人们探索奥秘的地方。例如，保留了原始风貌的亚速尔群岛，美丽而神秘的百慕大群岛，"长寿群岛"斐济群岛……

亚速尔群岛

亚速尔群岛位于直布罗陀海峡以西的北大西洋东中部，为葡萄牙管辖。群岛由北西—南东走向延伸的3组火山岛群共10个主要岛屿组成，面积2 344平方千米，属地中海气候，年降水量750～1 000毫米。群岛山势崎岖，怪石嶙峋，港湾幽深，给人一种神秘感。主要是因为没人能准确地知道是谁、在什么时候发现了这个群岛（图3-23）。

这里土地肥沃，植被茂盛，农作物一年四熟，盛产菠萝、香蕉、柑橘、葡萄、枇杷、无花果等各种水果。有玫瑰、山茶、杜鹃、玉兰、芙蓉、绣球等，终年

▲ 图3-23 亚速尔群岛风光

鲜花盛开，有"花岛"之称。这里是欧、美、非洲之间的海、空航线中继站，战略和交通位置极其重要。

百慕大群岛

位于大西洋中西部，距美国东海岸南卡罗来纳州917千米，由7个主岛及300多个小岛和礁群组成，总面积约54平方千米（图3-24）。由于百慕大群岛与美洲大陆之间有一股暖流经过，受暖流影响，这里常年温和，年降水量1 500毫米。岛上鲜花怒放，绿树常青。由于远离大陆，又被称为地球上最孤立的海岛。然而，百慕大的出名不是因此。

1950年，特迪·塔克首次在百慕大海底发现来自新大陆的沉船以及船内的珍宝。这条船像一个沉睡百年的食品加工厂，又像一个巨大的垃圾处理场，上面折断的桅杆在海水中漂荡。在百慕大曾发生过令人不可思议的事件：1990年8月，委内瑞拉加拉加斯市一只在百慕大三角海域失踪了24年的帆船尤西斯号在一处偏僻的海滩搁浅再现。帆船上的3名

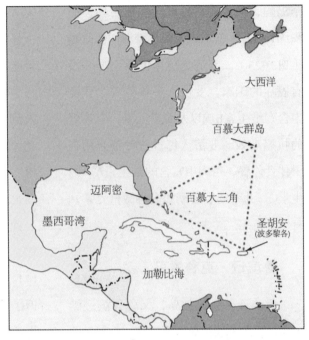

▲ 图3-24　百慕大群岛及百慕大三角

船员由土著人救起后送到加拉加斯市寻求援助；1981年8月，英国"海风"号游船在此突然失踪，时过8年，这艘船在原海区又奇迹般出现；一艘苏联潜水艇一分钟前在百慕大海域水下航行，可一分钟后浮上水面时竟在印度洋上，在几乎跨越半个地球的航行中，93名船员骤然衰老……一个个令人难以置信的事件让我们对这片区域充满了好奇之心！

斐济群岛

斐济群岛位于南太平洋，共有320多

个岛屿，多为珊瑚礁环绕的火山岛，面积约1.83万平方千米，属热带海洋性气候（图3-25）。斐济是现今世界上唯一没有癌症的国家。斐济人多食荞麦，荞麦中含有维生素B族以及微量元素，有很好的抗癌功效。斐济人每日三餐都必用杏干伴食佐餐，杏肉中富含的维生素A、维生素C、儿茶酚、黄酮和多种微量元素，有助于抗癌。

鲁滨逊·克鲁索岛

鲁滨逊·克鲁索岛，又称鲁滨逊漂流岛、马萨蒂埃拉岛、绝望岛、希望岛。位于智利海港瓦尔帕莱索以西的南太平洋上，长约19千米，宽约11千米，是胡安·费尔南德斯群岛中的第一大岛。岛上怪石林立，树木葱郁，沟深谷幽，风景迷人。

1704年，一艘名为"五港"号的船来到南太平洋，船上的领航员亚历山大·赛尔柯因与上司发生争执，带着火枪、刀斧、烟草等物品独自离开大船，登上了鲁滨逊·克鲁索岛，从此在荒岛上独自过了4年多野人般的生活。1709年，途经此岛的英国船队搭救了他。1711年他回到英国，并把自己的经历告诉了作家笛福，于是，笛福根据他荒岛生活的经历，写作了著名小说《鲁滨逊漂流记》。此岛一举成名，成为世界各地游人争相前往的地方。

▲ 图3-25 斐济风光

"自转岛"和"会走路的岛"

1964年,一艘名为"参捷"号的货轮航经西印度洋时,发现了一座无人小岛。岛的面积很小,船绕小岛一周仅用半小时。通过船员的两次考察发现,该岛在自行旋转移动,每24小时自己旋转一周,像地球一样有规律,而且持续不断地自转。因此,这座奇特的小岛被称为"自转岛"。

和"自转岛"一样令人百思不得其解的是"会走路的岛"——赛布尔岛,该岛位于加拿大哈利法克斯东南200多千米的大洋上,东西长约45千米,南北宽只有3千米,面积80多平方千米,它一直不断地在大洋中浮动,其形状、大小以及位置经常发生变化。由于海湾和海流的影响,小岛的西边日渐缩小,而东边却不断向外扩展,每年都有新的浅滩形成。据专家测算,近200年来,赛布尔岛已经向东移动了10千米,因此被称为"会走路的岛"。

欺骗岛

欺骗岛位于南设得兰群岛,是一片黑色火山岩形成的小岛(图3-26)。据说20世纪初的一天,南极海域大雾弥漫,有人发现雾中有个岛,可海水一涨,这个岛又不见了,"欺骗岛"的名字从此而来。1967年12月4日,欺骗岛上的

▲ 图3-26 欺骗岛

火山突然爆发，顷刻间，岛上所有建筑物被摧毁。其中，智利、阿根廷、英国的3个考察站被摧毁，挪威的一座鲸鱼加工厂被吞噬，英国的一架直升机被埋在火山灰里。欺骗岛上的温泉是地球上最南端的温泉。

林索伊斯岛

在巴西东海岸的林索伊斯小岛上，住着一群特殊居民。他们白天都在屋子中睡觉，晚上出门从事各种活动，被称为"月亮的儿女"。联合国世界卫生组织考察队对这个小岛进行了考察，发现岛上的居民普遍存在着一种遗传病，体内缺乏氨酸酶，这种人一见到阳光就会流泪，睁不开眼睛，因此只能在晚上活动。他们身体矮小，智力低下，重要原因是近亲结婚。

奇形怪状之岛

奇特形状海岛的存在再次证明大自然才是最伟大的设计师。在设计海岛时，大自然向我们展示了令人叹服的幽默感。

心形——情人岛

地球上天然的心形岛不多，克罗地亚沿海的"情人岛"便是其中之一（图3-27）。这座岛屿实际上名为"加勒斯恩杰克"，是一座私

▲ 图3-27　情人岛

人岛，位于亚得里亚海，靠近图兰杰，宽度只有0.5千米，可以从陆地上划小船到达。此前这里并不为人们所熟知，可是不久前，通过谷歌地图，有人惊异地发现这个小岛的形状竟是"心"形，因此被称为心形小岛，又名情人岛。

面具形——胡瓦亨德胡岛

该岛是马尔代夫众多岛屿中的一个，外形好似威尼斯狂欢节上的面具，眼睛的装饰尤为引人注目（图3-28）。

海马形——伊莎贝拉岛

加拉帕戈斯群岛的最大岛伊莎贝拉岛，从空中看，形似海马（图3-29）。这座岛屿拥有悠久的历史，由数百万年前的火山喷发形成。如果仔细观察，会在照片中看到造就伊莎贝拉岛火山的火山口。

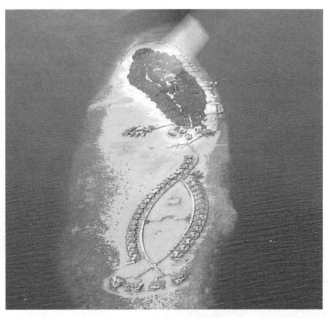

▲图3-28　胡瓦亨德胡岛

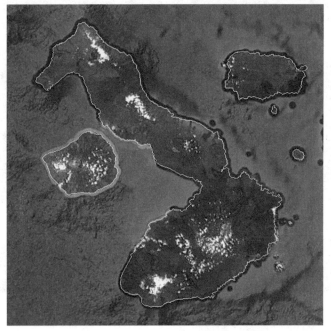

▲图3-29　伊莎贝拉岛

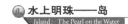

笑脸形——马努干岛、玛木堤岛和苏洛岛

准确地说，这不是一座岛屿，而是一个岛群，由马来西亚的马努干岛、玛木堤岛和苏洛岛构成，好似一张笑脸，向那些从空中看到这一奇景的幸运儿表示感谢（图3-30）。

▲ 图3-30　笑脸岛

多国控制之岛

般的岛屿由一个国家控制，较少的岛屿由两个或两个以上国家控制，有的岛屿也正因此而陷于纠纷之中。

Part 4 中国名岛撷英

我国是海洋大国，面积在500平方米以上的岛屿就有6 500多个，总面积8万多平方千米，约占陆地面积的0.8%。岛屿岸线总长1.4万多千米。著名的有台湾岛、海南岛、崇明岛，以及长山群岛、庙岛群岛、舟山群岛、南沙群岛等多个群岛。

中国岛屿概况

我国是海洋大国，海域辽阔，海岛众多。在主张管辖的300多万平方千米的海域中，分布着万余个海岛，海岛陆域总面积8万多平方千米。各海岛面积大小不一。大的数万平方千米，如台湾岛和海南岛，分别约为3.58万平方千米和3.39万平方千米；小的仅几平方米。根据最新调查成果显示，我国海岛分布在沿海14个省（自治区、直辖市、特别行政区），49个副省级城市和地级市，168个县（市、区）。全国有居民海岛500余个，无居民海岛近万个。我国主要岛屿见表4-1。

表4-1 　　　　　　　　　　　　我国主要岛屿一览表

序号	位置	名称	面积（平方千米）
1	台湾省	台湾岛	3.58万
2	海南省	海南岛	3.39万
3	上海市	崇明岛	1267
4	浙江省	舟山岛	470
5	福建省	海潭岛	267.13
6	辽宁省	长兴岛	252.5
7	福建省	东山岛	188
8	广东省	上川岛	157
9	福建省	金门岛	151.66
10	香港	大屿山岛	147.16

我国海岛分布范围南北跨越38个纬度，东西跨越17个经度，最北端的是辽宁省锦州市的小石山礁，最南端的是海南省南沙群岛的曾母暗沙，最东端的是台湾省宜兰县的赤尾屿，最西端的是广西壮族自治区东兴市的独墩。

大部分海岛分布在沿岸海域，距离大陆岸线小于10千米的海岛占海岛总数的66%以上；距离大陆岸线大于100千米的远岸岛约占5%。从海岛分布形态看，多呈链状或群状分布，大多数以列岛或群岛的形式出现。

从海岛类型看，主要为基岩岛，约占全国海岛总数的93%；冲积岛次之，占4%左右，主要分布在渤海和一些大河河口；珊瑚岛数量较少，占2.5%，主要分布在台湾海峡以南海区；火山岛数量最少，主要分布在台湾岛周边，包括钓鱼岛及其附属岛屿。

从海岛分布海区来看，东海最多，约占66%；南海次之，约占25%；黄海和渤海分布较少。从分布的省份来看，浙江海岛数量最多，有3 000多个，约占全国海岛总数的37%；其次是福建，约占21%；后面依次是广东、广西、海南、山东、辽宁、台湾、香港、河北、江苏、上海、澳门、天津。

我国的海岛不仅数量多，分布广，而且形态各异，环境优美，生态独特，资源丰富。有风景名胜旅游地，有国防前哨，有繁忙的交通要道，有天然鱼仓……但是，海岛的生态环境十分脆弱。大多数海岛面积小，资源类型单一，基岩裸露，土壤贫瘠，植被资源有限，淡水缺乏。由于人为开发等原因，自20世纪80年代以来，海岛注销（消失）800多个，约占海岛总数的8%。因此，了解海岛、保护海岛生态环境意义重大。

中国的群岛

我国主要群岛有长山群岛、庙岛群岛、舟山群岛、东沙群岛、西沙群岛、南沙群岛、钓鱼岛列岛等。它们有重要的经济、军事、交通作用和地位。

东北门户——长山群岛

长山群岛位于辽东半岛南部，黄海北部，共有大小岛屿112个，面积153平方千米。长山群岛控制着黄海北部，掩护着辽东半岛，对捍卫我国东北具有十分重要的意义，历来为兵家必争之地。1894年，中日甲午战争的黄海大战就发生在长山群岛东北部海域，日军首先控制长山群岛，然后在庄河花园口登陆。1904年日俄战争期间，日军舰队停泊在长山群岛附近，与俄军对战，然后在辽宁沿海登陆。1931~1941年，日军两次攻占长山群岛。在未来反侵略战争中，这里仍然是战略要地。

我国最大群岛——舟山群岛

舟山群岛位于我国东部沿海的杭州湾和长江口外海区汇合处，是我国第一大群岛。舟山群岛由嵊泗列岛、中街山列岛、浪岗山列岛、川胡列岛、马鞍列岛、七姊八妹列岛等组成，有大小海岛939个，其中有居民千人以上的岛屿84个，分布总面积约22 200平方千米。舟山岛面积最大，为470平方千米，是我国第四大岛。

舟山群岛是天台山、四明山余脉向北延伸部分出露海面而形成的岛屿群，岛陆多为丘陵地貌。岛陆土地资源丰富，有港口23处，是浙江最大的食盐生产地，有多达170多处的潮汐能开发点。舟山渔场是我国最大的渔场，是世界四大渔场之一。海洋生物主要有鱼类365种、虾类60种、软体动物14种、底栖生物342种、浮游动物228种、浮游植物261种、潮间带生物586种。

舟山群岛有大量自然和人文景观资源。有海景、沙滩、礁石、山、林等，也有明刹古寺，有我国四大佛教圣地之一的普陀山（图4-1），有嵊泗列岛和普陀山两处国家级风景名胜区，其中嵊泗列岛是国家级海洋风景名胜区。

散落在南中国海的明珠——万山群岛

万山群岛位于珠江口外，是广州的门户。群岛东西长约71千米，南北宽约41千米，由担杆岛、佳鹏岛、万山岛、三门岛等组成，总面积13平方千米。担杆岛周围水深浪小，是舰艇停泊和避风的良好锚地。清代林则徐在大万山岛修筑了炮台、石障抗击英军。万山群岛是整个珠江三角洲、香港、澳门的海上屏障，南海近岸的军事要塞。

中国最美的海岛群——西沙群岛

西沙群岛位于南海西北，海南岛东南部。这里是我国造礁珊瑚的重要分布区

△ 图4-1　普陀山

域，仅西沙群岛就有38属127种造礁珊瑚（图4-2）。造礁珊瑚是由造礁石珊瑚虫与含钙质的藻类构成的。群岛共有32个岛屿，东面主要为宣德群岛，由7座主要岛屿组成，西面为永乐群岛，由8座岛屿组成，岛屿周围有零星的礁、滩、沙洲，因此，当地渔民习惯称这些岛屿为"东七西八"。

西沙群岛地处热带，年平均气温26℃，海水的温度、盐度和透明度都非常适合珊瑚的繁衍生长。

西沙群岛四周的海水清澈洁净，能见度达40多米。有鱼类数百种，更是鸟类的天堂。东七岛中的东岛有10万只红脚鲣鸟。

▲ 图4-2 西沙珊瑚礁岛

我国南疆安全的重要屏障——南沙群岛

位于南海南部的南沙群岛是南海诸岛中分布海域最广大、岛礁最多，但是平均每个岛礁面积最小的珊瑚岛群。分布海域达80多万平方千米。有岛礁200多个，多为环礁类型，陆地面积合计约2平方千米。在所有岛屿中，太平岛最大，面积为0.43平方千米（图4-3）。

▲ 图4-3 南沙群岛中的太平岛

南沙自古就是中国的领土，在我国古代有"千里长沙、万里石塘"之称。这里具有特殊的热带珊瑚岛自然景观。海洋生物极为丰富，盛产多种热带鱼类、海龟、海参、贝类、椰子等。南沙群岛还是重要的海底油气远景区。南沙群岛对于气象观测、台风预报和无线电通信等具有特殊意义。

1988年8月2日，根据联合国教科文组织的要求，中国在距海南岛560海里的永暑礁建立了海洋观测站。南沙群岛的曾母暗沙是我国疆土的最南端，是珊瑚为我国铸就的界碑。

南海的北大门——东沙群岛

东沙群岛位于南海的东北部，北距汕头市约310千米，东北距高雄市约400千米，东靠巴士海峡，西南是中沙群岛，地理位置非常重要，是南海与祖国大陆联系的重要门户。

东沙群岛主要由东沙岛、东沙礁和南卫滩、北卫滩等组成。其中，东沙岛是唯一露出水面的岛屿，面积1.8平方千米。东沙群岛的海洋资源十分丰富，是我国重要的渔场之一，盛产各类珍贵海产品，尤其是出产优质海人草，产量占世界

首位。同时，拥有丰富的海底石油、天然气蕴藏量，具有很高的开发价值。因此，东沙群岛在我国海洋经济的发展中具有十分重要的战略地位。

新构造断陷成湖——太湖岛群

太湖位于江苏省苏州市、无锡市、常州市和浙江省湖州市之间，是我国第三大淡水湖，湖泊面积2 427.8平方千米，平均水深21米。太湖是由于新构造运动断陷成盆地积水而形成的。湖泊形成后，山体出露水面形成40余个岛屿，洞庭西山是最大岛屿。历史古迹和山水风光融为一体，吴越文化与江南水乡享誉中外。沿湖丘陵和岛屿盛产茶叶、桑蚕及热带果品杨梅、枇杷、柑橘等。

世界上岛屿最多的人工湖岛群——千岛湖群岛

千岛湖也叫新安江水库，位于我国浙江省杭州市西南部的淳安县和建德市境内，是为修建水电站建成的人工湖，湖泊面积567.40平方千米，库容178.40亿立方米，最大深度108米，平均深度34米。水库蓄水后未被淹没的山峰形成岛屿，当水库水位运行于108米黄海高程时，2 500平

方米以上的岛屿共1078个，主要岛屿有猴岛、孔雀岛、清心岛、鸟岛等，因此，新安江水库又名千岛湖（图4-4）。1982年被国务院确定为国家级风景名胜区。

千岛湖植物种类丰富，有维管束植物1824种，国家重点保护树种20种，有13科94种鱼类，野生动物资源有兽类61种、鸟类90种、爬行类50种、昆虫类16目320科1 800种、两栖类2目4科12种。千岛湖

水质达到国家Ⅰ类水质标准。千岛湖区有方腊起义及水下古城等历史文化遗址。

1947年11月，汪胡桢等组成调查组进行了前期调查，提出开发方案。1953年4月，华东水力发电工程局进行发电站的勘查设计前期工作。1954年华东水电处地质队开始勘探坝址，1956年8月20日开始兴建，1960年4月22日新安江水库建成发电。9台机组总容量66.25万千瓦。

▲ 图4-4　千岛湖岛群

中国名岛

在我国的众多岛屿中，有许多非常著名，如宝岛台湾岛、南海明珠永兴岛、火山喷发形成的涸洲岛、国家风名胜区鼓浪屿……它们是我国岛屿的代表。

中国岛屿岩溶地貌的代表——西沙永兴岛、石岛

永兴岛是西沙群岛和南海诸岛中最大的岛屿，属珊瑚礁岛，东西长1 850米，南北宽1 160米，面积2.1平方千米（图4-5）。石岛位于永兴岛东北1 130米的地方，两个岛屿共同坐落在一个礁盘上，低潮时可以步行穿越。

永兴岛的基座是前寒武纪的变质岩，经过亿万年的历史演变，发展形成现在的珊瑚岛。石岛是西沙群岛唯一一个经过早期成岩作用的岩岛，面积0.08平方千米。最高点海拔15.9米，是西沙群岛最高点。岛上的岩石为生物碎屑石灰岩，岩溶

▲ 图4-5 西沙群岛永兴岛

作用和海蚀作用强烈，礁石临海部位到处可见洞穴。岛东面的一处溶滤管（根管石）是特殊的岩溶形态。在石岛水下19米处的原生礁石灰的铀系年龄为13万年。石岛保存了我国南海最重要的岛屿岩溶地貌景观。

宝岛——台湾岛

台湾岛是我国最大的岛屿，包括台湾本岛、绿岛、钓鱼岛、澎湖列岛等80多个岛屿，总面积约3.58万平方千米。台湾岛位于我国大陆架上，岛陆为复背斜构造。它北临东海，东北接琉球群岛，东濒太平洋，南接巴士海峡与菲律宾相邻，西隔台湾海峡与福建相望（图4-6）。在台湾的属岛中有一些是珊瑚岛，如东港海外

的小琉球群岛、兰屿等。同时，还有大量的火山岛，花瓶屿、澎佳屿、钓鱼岛等都是海底火山喷发形成的。

台湾岛是一个多山的海岛，山地面积占全岛的2/3，分布着由中央山脉、雪山山脉、玉山山脉、阿里山山脉等组成的台湾山脉。全岛海拔在3 000米以上的山峰62座。

台湾岛的景色优美，历来被世人称赏。元朝旅行家汪大洲记载："地势盘穿，林木合抱，土润田沃……气候渐暖，地产沙金、黍子、硫磺、黄蜡、鹿豹……海外诸国，盖始于此。"这里物华天宝，有"米仓""鱼仓""东方糖库""水果之乡""森林之海""兰花之国"等美称。

火山喷发的杰作——涠洲岛

涠洲岛位于我国广西壮族自治区北海市南部海中，岛陆南北长约6千米，东西宽约5千米。因为被水包围，称为涠洲岛，是我国最大、最

▲ 图4-6　台湾岛滨海风光

年轻的火山岛（图4-7）。岛上的岩石是第四纪火山活动形成的火山岩和火山喷出岩。岛的南部分布有大量火山地貌景观。火山爆发烧灼、挤压留下的石壁、石台色彩斑斓（图4-8）。奇特的海蚀地貌广泛分布在岛屿沿岸。海蚀洞、海蚀

△ 图4-7　涠洲岛

△ 图4-8　涠洲岛景观

沟、海蚀崖、海蚀台、海蚀残丘等壮观而奇特。

"海上花园"——鼓浪屿

鼓浪屿位于福建省厦门市东600米，面积1.87平方千米，是由花岗岩体受海蚀作用形成的小岛。因为它的西南方向有海蚀洞穴，在海浪冲击下声如擂鼓，因而得名鼓浪屿（图4-9）。岛上气候宜人，四季如春，有"海上花园"之称。主要景点有花岗岩球状风化形成的日光岩、菽庄花园、鼓浪石、郑成功纪念馆等，融历史、人文和自然景观于一体，是国家级风景名胜区。

▲ 图4-9 鼓浪屿风光

古火山地貌代表——林进屿、南碇岛

林进屿、南碇岛位于我国福建省东南的漳州市附近海域，面积分别为0.16、0.07平方千米，是世界上极为罕见、保存得较为完美、珍贵的古火山地质地貌景观。

林进屿、南碇岛是新生代中新世间断性多次火山喷发形成的产物。岛上有壮丽的玄武岩柱状节理景观（图4-10）、不

▲ 图4-10 火山岩柱状节理

同规模的火山口群景观（图4-11）、各种海蚀火山熔岩型景观、火山颈景观、海蚀熔岩平台景观等，具有地质构造学、火山学、古地理学、地震学等多学科的科研价值。

中国最大的河口冲积岛——崇明岛

崇明岛位于江苏省长江入海口，面积1 267平方千米，是我国最大的河口三

▲ 图4-11　火山口景观

角洲冲积岛，滩涂湿地广布，潮沟发育典型，泥滩地貌多样，具有鲜明的地质个性和丰富的地貌形态（图4-12）。岛屿东部的团结沙、东旺沙、北八滧沙于2005年8月被国土资源部批准为国家地质公园。

△ 图4-12 崇明岛码头

"南国天山"——大嵛山岛

大嵛山岛位于福建省福鼎的福瑶列岛。东西长7.7千米，南北宽2.76千米，面积21.5平方千米，岛上有大小海湾30多处，大小山头20多座，为福建省最高海岛，海拔541.4米。在海拔400米的地方，镶嵌着大小两个天然湖泊，大天湖面积近千亩，小天湖面积200多亩，湖水常年不干，水质甘甜，水清如镜，是东海的神奇小岛。

椰岛——海南岛

海南岛是典型的大陆岛，位于我国大陆最南端（图4-13）。北隔琼州海峡与广东省的雷州半岛相望，西邻北部湾与越南为邻，东为菲律宾的吕宋岛，南面与马来西亚、印度尼西亚、文莱等遥相对望。海南岛是华南沿海的海上堡垒和防御屏障，也是南海诸岛的后方基地。

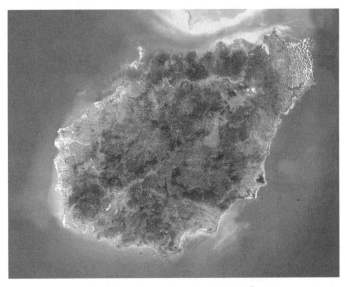

△ 图4-13 海南岛

海南岛是海南省的主辖区，有长达
1 580千米的岛岸线，多数地方风平浪
静，海水清澈，沙白如雪（图4-14）。海
南岛是我国的热带作物基地。橡胶产量
占全国的60%以上，此外，还有剑麻、咖
啡、椰子、菠萝等热带作物。热带雨林中
盛产贵重木材、藤类、南药及珍贵鸟兽，
海域盛产石斑鱼、海龟、龙虾等。

▲ 图4-14　海南岛风光

特殊意义岛

岛屿不仅是国家领土的重要组成部
分，有些地理位置特殊的岛屿更是
国家领海和毗连区划定的重要依据，对国
家的经济、安全、海上交通、军事等有不
可替代的作用。

我国大陆领海基线点的组成岛屿

根据《中华人民共和国领海及毗连
区法》，我国政府于1996年5月15日宣
布了我国大陆领海的部分基线和西沙群

岛的领海基线，共49个点，涉及近40个岛礁。较大的有镇铞岛、台州列岛、南澎列岛、大洲岛等。其后，又宣布了钓鱼岛及其附属岛屿的领海基线。这些领海基线点共94个，依此划定了我国的内水、领海、毗连区、专属经济区。其中所涉及的岛屿具有特殊的意义。

西沙群岛领海基线点的组成岛屿

西沙群岛是南海航线的必经之路，是"海上丝绸之路"的重要节点（图4-15）。

▲ 图4-15　西沙群岛局部

——地学知识窗——

领　海

领海（territorial waters）指沿海国家主权管辖范围内的邻接其陆地及内水的一带海域。我国的领海宽度为12海里。

领海基线

测算领海宽度或范围的基准线为领海基线（baseline of territorial sea）。有正常基线、直线基线和混合基线三种。正常基线采用低潮线外为领海基线；直线基线是在大陆岸上和沿海外边岛屿上选定若干个基准点，连接各点，使一系列直线沿着沿岸国构成一条折线，即为领海基线；在海岸线较长、地形复杂的地方可采用混合基线，即以前两种基线交替使用确定领海基线。

内　水

　　一国领海基线以内的水域叫内水（Internal waters）。包括湖泊、河流及河口、内海、港口、海湾、海峡及其他位于领海基线以内的水域。它是沿海国家领土的组成部分，沿海国家对其拥有完全排他的主权。

毗　连　区

　　毗连区（contiguous zone）指沿海国邻接领海并在领海范围之外设立的一定宽度的专门管辖海域。在毗连区内，沿海国家行使有限的专门管辖权，主要是为防止、惩治在其领土或领海内违反海关、财政、移民和卫生等法律规章的行为而行使必要的管辖权力。我国的毗连区宽度自领海基线算起为24海里。

专属经济区

　　专属经济区（exclusive economic zone）指沿岸国或群岛国领海以外并邻接领海的区域。按照《联合国海洋法公约》规定，其宽度从领海基线算起不超过200海里。区内实行与领海及公海不同的特定法律制度：沿海国在专属经济区内有勘探和开发、养护和管理海床上覆水域和海床及基底自然资源的主权权利；有对人工岛屿、设施和结构的建造与使用权；对海洋科学、海洋环境的保护和保全有管辖权；其他国家在区内有航行和飞越的自由、敷设海底电缆和管道的自由。

　　早在隋朝，中国的使节就经过南海到达过马来西亚，唐朝高僧义净从这里去往印度。明、清时期，中国对这里行使主权。在岛上曾出土瓷器、铜钱等文物。永兴岛上的孤魂庙、晋卿岛和东岛上的土地庙、娘娘庙等遗址都是中国渔民在南海辛勤耕耘的历史见证!

　　根据《中华人民共和国领海及毗连区法》，我国政府于1996年5月15日宣布了我国西沙群岛的领海基线基点，共28个点，涉及8个岛礁，分别是东岛、浪花礁、中建岛、北礁、赵述岛、北岛、中岛、南岛。

钓鱼岛及其附属岛屿领海基线点的组成岛屿

钓鱼岛列岛位于台湾岛东北约200千米的东海中，由钓鱼岛、黄尾屿、赤尾屿、北小岛、南小岛、北屿、南屿和飞屿8个主岛组成，总面积6.3平方千米，其中钓鱼岛最大，面积约4.3平方千米（图4-16）。钓鱼岛位于我国东海大陆架的东部边缘，其地质构造与彭佳屿、棉花屿、花瓶屿一脉相承，处于台湾海峡的海底大陆架向东北延伸带上，都是火

▲ 图4-16 钓鱼岛

81

山岩体丘陵，由火山活动形成。钓鱼岛及其附属岛屿自古以来就是中国人民进行捕鱼、避风、休憩的场所。明、清两朝都将钓鱼岛及其附属岛屿列入疆土版图，划为海防管辖范围，闽、台等地渔民常到这里捕鱼或短暂停泊。岛屿多山茶、棕榈、仙人掌等自然植物，附近海域还有丰富的石油储藏。钓鱼岛及其附属岛屿是我国的神圣领土，无论是从法理还是从历史依据看，都有充分的证据表明我国对钓鱼岛及其附属岛屿的管辖主权。2012年9月10日宣布了我国钓鱼岛及其附属岛屿领海基线基点的名称和地理坐标，共17个点，涉及岛屿分别是钓鱼岛、海豚岛、下虎牙岛、海星岛、黄尾屿、海龟岛、长龙岛、南小岛、鲳鱼岛，赤尾屿的领海基线点涉及赤尾屿、望赤岛、小赤尾岛、赤背北岛、赤背东岛。

黄岩岛

黄岩岛位于中沙群岛东部，距离海南岛约500海里。黄岩岛是深海中一座巨大的海底山峰露出海面的部分，顶部是一个环形礁盘，礁盘周缘长50多千米，面积约150平方千米，环礁周围有大量礁块露出，礁块面积一般只有几平方米，内部为水深10～20米的潟湖。从地质构造上看，黄岩岛是中国大陆的自然延伸，黄岩岛以东有深达5 000多米的马尼拉海沟，马尼拉海沟是中国与菲律宾群岛的自然地理分界线。黄岩岛的地理位置对中国神圣领土的完整性、南海经济开发具有极其重要的意义。

中国是最早发现、命名黄岩岛并将它列入版图实施主权管辖的国家。据历史资料，早在1279年，元代著名天文学家郭守敬奉旨"四海测验"，在南海的测点就是黄岩岛。黄岩岛及其海域生产经济价值较高的金枪鱼、红鱼、章鱼及各种贝类，特别是珊瑚种类繁多，经济价值很高。黄岩岛海域是我国渔民的传统渔场，自古以来我国渔船就在这一海域进行渔业生产活动。我国多次对黄岩岛及其附近海域进行科学考察。

Part 5 山东岛屿荟萃

　　山东有400多个不同类型的岛屿，主要分布在黄河三角洲海域、烟台海域、威海海域、青岛海域、日照海域。岛屿地貌类型多样，地貌景观丰富多彩，自然环境优美，历史文化悠久。

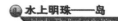
山东岛屿概况

分布概况

根据"山东省908专项海岛（礁）综合调查项目"调查成果，山东省共有海岛456个，其中面积在500平方米及以上的海岛320个，面积在500平方米以下的海岛136个，有居民海岛34个，其余为无居民岛屿（图5-1）。海岛岛陆总面积110.96平方千米，海岛岸线总长度

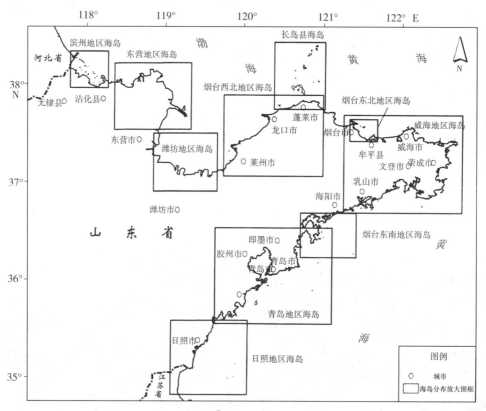

图5-1　山东海岛分布简图（据《山东海岛》，2010）

表5-1 500平方米以上海岛分布一览表

岛屿类型		冲积岛（个）	基岩岛（个）	合计（个）	岸线长（km）	岛陆面积（km²）
岛屿分布	滨州海域	47		47	72.11	5.62
	东营海域	4		4	24.37	9.07
	潍坊海域	10		10	6.58	0.50
	烟台海域	1	76	77	242.03	67.86
	威海海域	2	96	98	102.78	13.20
	青岛海域	2	71	73	97.54	14.31
	日照海域		11	11	8.83	0.40
合计（个）		66	254	320	554.24	110.96

554.24千米。主要岛屿基本情况见附录五。

面积在500平方米以上的320个海岛中，有冲积岛和基岩岛（表5-1）。面积在500平方米以下的136个海岛全部为大陆基岩岛，其中烟台海域25个，威海海域69个，青岛海域28个，日照海域14个。

海岛分布特点

山东海岛的分布有6个方面的特点。

一是分布范围大：456个海岛分布在北纬34°59′05″～38°23′24″，东经117°51′40″～122°42′18″范围内，南北跨越360千米，东西横跨420千米，分布在渤海和黄海两个海区。

二是大部分海岛位于近岸海域：在面积500平方米以上的海岛中，距离陆地最近点小于10千米的海岛占绝大多数；大于10千米的海岛主要分布在长岛县境内。

三是海岛面积普遍较小：在500平方米以上的海岛中，平均每个岛屿面积仅0.35平方千米。面积小于0.1平方千米的海岛有247个，占海岛总数的77.18%；面积在0.1～0.5平方千米之间的海岛有46个；面积在0.5～1.0平方千米之间的海岛有7个；1.0～5.0平方千米之间的海岛有12个；面积大于5平方千米的海岛有8个。面积最大的南长山岛面积13.212 8平方千米。

四是冲积岛与大陆岛（基岩岛）分布集中：冲积岛主要分布在渤海湾南部近

海海域，占全部冲积岛数的98%；大陆岛（基岩岛）几乎都位于渤海海峡和黄海，占全部基岩岛的99%。

五是面积较大、常住居民多、开发程度较好的海岛多集中分布在长岛海域：常住人口1 000人以上的14个海岛中，长岛海域有6个。

六是具有明显的"团组"和岛链状分布特点：在滨州海域，海岛有大致与海岸线平行的呈弧形的岛链（图5-2）；长岛海域总体上呈北东—南西方向的岛链，其他海域的海岛也有类似的分布规律。

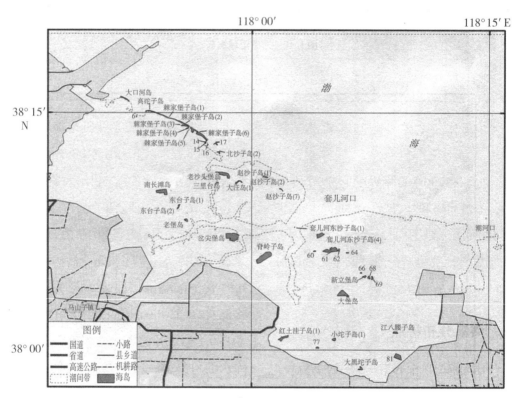

▲ 图5-2 滨州海域海岛分布图（据《山东海岛》，2010）

主要岛屿概览

山东省是我国的海洋大省，海岛在山东省的经济文化中占有重要地位，有位于交通要道的庙岛群岛，有旅游胜地刘公岛、养马岛等，有作为我国领海基点的苏山岛、镆铘岛等。

"海上仙山"——庙岛群岛

庙岛群岛位于山东省长岛县，陆地总面积56平方千米。岸线长146.41千米，由32个岛屿组成。群岛是由构造断陷形成的基岩岛，地形陡峭，地貌类型多样。主要地质遗迹景观有海蚀、海积地貌，地质构造遗迹，黄土地貌遗迹等。

苏轼《北海十二石记》中说："登州下临海。目力所及，沙门、砣矶（图5-3）、牵牛、大竹、小竹凡五岛，惟沙门最近，兀然焦枯，其余皆紫翠巉绝，出没涛中，真神仙所宅也……"沙门即现在的长山岛。

组成群岛的32个岛屿呈北东—南西方向展布，形成的岛链纵贯渤海海峡，其形成与郯庐断裂活动密切相关，有重要的

▲ 图5-3　砣矶岛彩石岸

区域地学研究价值。群岛是黄海、渤海的天然分界线，两个海区的海流、潮汐甚至生物各不相同（图5-4）。自新生代以来，庙岛群岛经历了一系列地质事件，如多期次的玄武岩喷发、多次海侵海退、大面积厚层沉积的黄土等，均保留了系统完整的地质记录，对研究我国东部第四纪气候变化和海陆环境变迁有重要价值。2011年《长岛国际休闲度假岛建设发展规划》获得国务院批复，长岛将被打造成为中外游客休闲度假和海岛居民生产生活的宜游宜居的美好乐园（图5-5）。

这里有被誉为"东半坡"文化的"北庄遗址"，有中国北方建造最早、影响最大的妈祖庙。这里还是京津门户，自古以来一直是交通中原与东北亚地区的海上桥梁，在我国航海史上具有重要地位。

"北方的香格里拉"——崆峒岛

崆峒岛位于烟台市芝罘区东北9.5千米的海域中，是烟台市区第一大岛，主岛面积0.822平方千米，周围有

△ 图5-4 南长山岛黄、渤海分界线

△ 图5-5 长山列岛国家地质公园标志碑

孤岛、二孤岛、三孤岛、马岛等十几个小岛。岛屿周围海蚀地貌发育，多海蚀洞，有"黄鱼洞""黑鱼洞"等。岛上有两座灯塔，一座是建于1886年的"罗逊灯

塔"，另一座为新建崆峒岛灯塔。目前，已开辟为旅游区。

"东方夏威夷"——养马岛

养马岛位于烟台市牟平区北部。岛长7.37千米，宽1.484千米，岛陆面积8.391平方千米，岸线长19.86千米，最高点海拔104.8米。现有常住人口7 600人。岛上地貌类型为剥蚀低山为主，丘陵起伏，地形北高南低。地质构造较发育（图5-6）。岛上有植被24科、46属，主要有常绿针叶林、落叶阔叶林、灌木丛、草丛、滨海盐生植被、木本栽培植物和草本栽培植物等。养马岛附近海域盛产鲍鱼、对虾、天鹅蛋等。

△ 图5-6　层间褶皱构造遗迹

相传战国时莒国人流亡到养马岛，因此也称莒岛；岛东另有小岛形似大象浴水，故名象岛。相传公元前219年秦始皇东巡时途经这里，令在此养马，明代防倭在此养马，故称养马岛。养马岛海蚀地貌、海积地貌、地质构造等景观丰富，于2011年8月被批准为省级地质公园。

"不沉的战舰"——刘公岛

刘公岛位于威海市区东侧的威海湾内，为基岩岛，距大陆最近点距离2.41千米。岛近三角形，东西向展布，东西长4.5千米，南北宽2千米，岛陆面积3.04平方千米，岸线长13.37千米，最高处旗顶山海拔153.5米。现有常住人口156人。刘公岛地形为中间高四周低，岛陆地貌以侵蚀剥蚀低丘陵为主。地表多被第四系松散物质覆盖。植被发育，植被覆盖率约68%。主要有常绿针叶林、落叶阔叶林、草丛、杂草型盐生植物、沼生水生植物、人工经济林等。

刘公岛主要发育新

元古代青白口纪荣成岩套威海岩体，岩性为细粒含黑云二长花岗质片麻岩（图5-7）。断裂构造不发育。海岛四周岩石裸露。北部海蚀崖直立陡峭，南部海滩绵延，水清沙洁。

相传东汉末年，有刘氏皇族一支因避曹氏迫害而迁居岛上，开始称刘公岛。明朝万历年间登州知府陶朗先招民进岛耕种，并在岛上的高峰设墩台，派军戍守。清光绪七年（1881），北洋水师陆续在岛上设鱼雷局、屯煤所、水师学堂、北洋海军提督署和码头等设施，刘公岛成为北洋水师的重要基地。

刘公岛是"国家森林公园"，首批"国家级海洋公园"，"国家文明风景区"，国家5A级景区，爱国教育基地（图5-8）。

△ 图5-7　地层褶皱构造

△ 图5-8　刘公岛5A级旅游景区

黄海明珠——苏山岛

苏山岛位于荣成市人和镇南部距陆地9.62千米的海域中，是威海市距离大陆最远的海岛。岛的形状不规则，北西—南东走向，长1.8千米，宽0.27千米，陆地面积0.492平方千米，岸线长6.04千米，最高点海拔106.4米。

岛上的岩石为新元古代青白口纪荣成岩套邱家岩体，为细粒花岗质片麻岩。断裂构造不发育。基岩岸线，沿岸海蚀地貌发育，多悬崖峭壁。岛陆地形为中间高，向四周倾斜。地貌类型为剥蚀堆积丘陵。地表多被第四纪残坡积物覆盖，植被较好，主要为黑松、刺槐等乔木。

苏山岛为苏山岛岛群的主岛，周围有一山子岛、二山子岛、三山子岛等。苏山岛是我国的领海基点岛。景色优美，是天然垂钓胜地，目前开发为旅游地。

插向大海的"宝剑"——镆铘岛

镆铘岛位于荣成市东南部的宁津街道南部海域，岛陆南北长5.3千米，东西宽0.84千米，面积4.624平方千米，岸线长20.22千米。

岛陆地形平坦，为微倾斜的南高北低地势，最高海拔31米。西、南、东三面常年受波浪侵蚀，岸线后退，分布大面积的海蚀平台和海蚀崖。人工修路使岛陆相连，为陆连岛。

岛上大部分地段被第四纪残坡积物覆盖，只在岛的四周有基岩出露，出露地层为太古界胶东岩群，主要岩性为黑云片岩、斜长角闪岩、花岗片麻岩等。岛上有耕地386.7公顷，林地166.7公顷，岛上居民以海洋捕捞和海上养殖为主要生产方式。镆铘岛有三个国家领海基点，分别是镆铘岛（1）、镆铘岛（2）、镆铘岛（3）。

历史名岛——田横岛

田横岛位于即墨市东部海域，崂山湾的北侧，距离大陆最近距离约3千米，东西长约3千米，南北宽0.43千米，面积1.316平方千米，岸线长9.54千米，岛陆最高点为岛中部的田横顶，海拔54.5米。周围有牛岛、驴岛、马龙岛、猪岛、车岛、涨岛、赭岛和水岛，构成岛群。

岛岸线多基岩裸露，海蚀地貌发育。岛陆起伏较大，为剥蚀堆积丘陵地貌。地层属侏罗系莱阳群，岩性由砂岩、砂砾岩、黑色页岩、泥质粉砂岩等组成，地层层理清楚，为单斜构造。

田横岛因忠于齐王田横的五百义士在此自刎就义而得名。岛上有常住居民1 067人，3个自然村。目前，已开发为海岛旅游地。

"海上画屏"——灵山岛

灵山岛位于青岛市东侧海域，距离大陆最近距离11千米，岛陆南北长5.1千米，东西宽1.431千米，面积7.815平方千米，岸线长14.29千米，最高海拔513.6米，仅次于台湾岛和海南岛，是全国第三高岛。岛上有3个自然村，居民以海洋捕

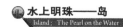

捞和养殖为主业。

岛陆南高北低，东陡西缓，有大小山峰56个。有山地、丘陵、台地和平原等地貌类型。岛岸为侵蚀性海岸，海蚀地貌特别是海蚀崖尤为发育，高度十余米。岛陆地层属中生界白垩系青山群，为一套深灰色、褐灰色中薄层—中厚层的长石砂岩与薄层页岩互层，为单一单斜构造。全岛有植物81科324种，其中菊科最多，有38种，禾木科29种，豆科28种。

灵山岛海拔高，景观秀丽，空气清新，无严冬酷暑，气候宜人，是疗养避暑的胜地。

特殊意义岛

根据《中华人民共和国领海及毗连区法》，山东境内的专项性无居民海岛均为领海基线岛，共8个领海基线点，涉及5个海岛（表5-2）。

表5-2　　　　　　　　山东专项性无居民海岛统计表

序号	岛名称	界碑位置（北纬、东经）		所处城市	行政隶属
1	苏山岛	36° 44′ 56.0021″	122° 15′ 27.6016″	威海	荣成市
2	潮连岛	35° 53′ 42.2531″	120° 52′ 46.0433″	青岛	崂山区
3	达山岛	35° 00′ 31.5142″	119° 53′ 25.1626″	日照	日照市
4	山东高角（1）	37.4°	122.705°	威海	荣成市
5	山东高角（2）	37° 23′ 42.0499″	122° 42′ 12.2366″	威海	荣成市
6	镆铘岛（1）	36° 57′ 54.8713″	122° 34′ 05.8841″	威海	荣成市
7	镆铘岛（2）	36° 55′ 19.8410″	122° 32′ 03.3087″	威海	荣成市
8	镆铘岛（3）	36° 53′ 52.5180″	122° 30′ 56.1308″	威海	荣成市

山东海岛地质地貌导览

岛陆地貌主要发育冲积海积平原、三角洲平原、剥蚀丘陵、黄土地貌等；海岛海岸及潮间带主要发育淤泥滩、贝壳堤和海蚀阶地、海蚀柱等海蚀地貌以及砾石滩等海积地貌；海底主要发育水下海蚀平台、浅滩、砾石嘴等地貌类型。

海岛陆地地貌

黄河三角洲海域：海岛主要位于黄河三角洲洲间洼地前缘，东面是现代黄河三角洲（1855年至今），西面是早期黄河三角洲（8~1128年）。这一海区海岛形成的原因是长期脱离黄河淤积造陆的影响，三角洲前缘受到特大高潮以及风暴潮流的冲刷破坏，形成零碎的岛状三角洲地块，集聚在潮间带上缘，当地居民称为"坨""堡""滩"，构成潮汐改造的代表性地貌景观。岛屿地貌因受潮汐，特别是风暴潮的影响，岛岸线曲折。洲间洼地地形平坦，高程较低，植被稀疏，同时受堆积和侵蚀的影响，地貌变化较快。众多冲淤型沙岛是其主要地貌特征，地貌类型多为三角洲残留体、早期三角洲残留块体或潮滩上的贝壳堤。

冲积海积平原地貌：早期三角洲冲积平原是经潮汐改造的洲间洼地，地表平坦，外侧有残留的三角洲块体，状似小岛，侵蚀作用明显，如老沙头岛。

三角洲平原地貌：分布在特大高潮线附近，被潮水切割残留下来，形成地势相对较高的块体，是残留三角洲块体，如岔尖堡和原先的北坨子、五里台等岛。

风成沙丘地貌：该地貌多发于贝壳堤的顶部，主要由粉细砂和贝壳碎片组成，堆积厚度不一。如棘家堡子贝壳堤顶部厚度最大，有2米左右，而其他地区较薄。

潟湖：潟湖是指被沙嘴、沙坝或珊瑚分割而与外海相分离的局部海水水域。海岸带泥沙的横向运动常可形成离岸坝—潟湖地貌组合。波浪向岸运动，泥沙平行于海岸堆积，形成高出海平面的离岸坝，坝体将海水分割，内侧便形成半封闭或封闭式的潟湖。在潮流作用下，海水可以冲开堤坝，形成潮汐通道。大口河岛、高坨子岛、棘家堡子岛等贝壳堤后面都有过潟湖分布，现在多被开发为虾池、盐田、养殖池等，而贝壳堤边缘和潮汐通道两侧的潟湖仍保留潟湖形态，水深很浅。

烟台、威海、青岛、日照海域：海岛大部分为大陆岛，主要发育剥蚀丘陵、黄土地貌、海积平原等地貌类型。

侵蚀剥蚀低丘陵：烟台海域的岛屿多为大陆岛，岛陆以丘陵地貌为主，海岸以海蚀地貌为主，发育海蚀崖、海蚀洞穴；威海海域海岛地貌以侵蚀剥蚀低丘陵为主，地形较为平坦，发育有薄层的残积物和风化壳，丘陵多基岩裸露，植被覆盖较差；青岛海域海岛发育比较低，大多数低于120米，地形起伏不大，海岛地貌以侵蚀剥蚀丘陵为主，岛陆面积普遍较小，地貌类型较单一；日照海域海岛岛陆地貌以侵蚀剥蚀低丘陵为主，顶部发育有薄层残坡积物，地势低平，高度相当，为明显的剥蚀夷平面，四周多基岩裸露。

黄土地貌：主要包括黄土台地、黄土坡、冲沟等类型。黄土台地土层厚，土质肥沃，并有少量地下水。绝大多数黄土台地已开垦为耕地，多数古文化遗址和部分居民点就分布在上面，是人类活动的主要场所。黄土台地分布范围较广，其中烟台海域以南北长山岛分布面积最大。黄土坡以南北长山岛和砣矶岛（图5-9）分布面积最大。黄土坡的地质时代、物质组成

▲ 图5-9 砣矶岛黄土地貌

与黄土台地相同。冲沟发育在黄土台地或黄土坡中。这种冲沟壁陡沟深，沟底开阔，"溯源"侵蚀现象严重，处于不稳定状态。

黄土地貌在长岛海域海岛较为发育，面积较大的海岛在海拔10～70米范围内均有黄土覆盖，且黄土层坡向不明显，多填充在海岛的古老冲沟或覆盖在平缓的坡地上，以冲沟中厚度最大。黄土堆积对于海岛的原始地貌具有明显继承性，将黄土堆积之前的流水和海蚀地貌掩埋，形成独具特色的黄土地貌（图5-10）。

海积平原：海浪搬运淤积等因素使海积物形成的平坦地形。海积平原是近代的海成平原，一般海拔在10米以下，都处于滨海地区，属于堆积平原。养马岛滨海低地，地表以下为黑色淤泥和砾石层，含贝壳，以海相沉积为主。在长岛海域海岛中，仅在南长山岛南部、北长山岛西南部和大钦岛等有发育，地表下多为黑色淤泥海相沉积物。

倒石堆：是指沿斜坡崩塌的物体在坡度较缓的坡麓地带堆积成的半锥形体。它的规模大小不等，一般不超过几百平方米，但有时也能形成面积达十多万平方米的巨大倒石堆。在长岛海域以南北长山岛和螳螂岛最为发育。

潟湖堆积平原：主要分布在镆铘岛等岛屿，向海一侧发育沙质堤坝，潟湖面积一般不大。

洪、坡积台地：主要发育在灵山岛上，断续分布在丘陵的周围，台地由基岩构成，表面有重力崩塌物质。

海岛海岸及潮间带地貌

海岛潮间带及海岸带地貌主要有粉沙—淤泥滩、贝壳堤、潮沟、海蚀阶地、礁石、海蚀崖、海蚀柱、海蚀穴、

△ 图5-10 大黑山岛黄土地貌

海蚀残丘、连岛沙坝、沙滩、滩脊、沙嘴、砾石滩、沙砾滩等。

粉砂—淤泥滩：指沿海岸分布，由小于0.06毫米粉沙和黏土组成的长达数十千米的平缓地带，属于海岸堆积地貌类型（图5-11）。该地貌主要受潮流影响。潮上带常出露水面，蒸发作用强，地表呈龟裂现象，有暴风浪和流水痕迹，生长着稀疏的耐盐植物。该带常被围垦，是发展海水养殖业的重要场所。潮下带水动力作用较强，沉积物粗。

贝壳堤：指粉沙—淤泥质海岸在相对侵蚀状态下，波浪将潮滩的贝壳及其碎屑推移至高潮线形成的堤状堆积体（图5-12）。它是一种特殊类型的滩脊，又称贝壳滩脊。它常与湿地低平原相间出现，共同组成贝壳滩脊湿地系统。山东海岛的贝壳堤包括自然贝壳堤和人工贝壳堤两种。

黄河三角洲海域海岛潮间带地貌类型较单一，为典型的粉沙—淤泥质潮滩和人工湿地，潮间带局部为规模不大的残留沉积。主要类型包括粉沙—淤泥滩、贝壳堤、贝壳沙堤、草滩和潮沟等。这里的潮间带向海的一侧极为发育，形成规模很大、世界罕见、国内独有的贝壳滩脊海

▲ 图5-11　养马岛淤泥滩

▲ 图5-12　无棣古贝壳堤

岸，国际上称为Chenier海岸，是世界上目前发现的三大古贝壳堤之一（《山东海岛》2010年）。

自然贝壳堤按照形成年代可分为古贝壳堤和新贝壳堤。古贝壳堤多分布在平均高潮线附近，呈岛链展布。新贝壳堤发育在老贝壳堤向海方向的滩面上，

无论厚度还是高度均较小。自然贝壳堤不仅具有丰富的野生动植物和淡水资源，还是潮坪地区抵御风暴潮的天然屏障，而且它作为古海岸线的标志，可以推断海岸环境演变的历史，对于保护和研究贝壳滩脊意义重大。

潮沟：指在潮间带的潮间浅滩上，由潮水涨落而形成的沟谷（图5-13）。潮沟主要分布在潮滩地貌上，是粉沙—淤泥质潮滩上重要的地貌类型之一。长度和宽度变化很大，宽度一般从1米至数十米，长度在数米、数十米乃至数千米。潮沟的谷坡比较和缓，沟底内常沉积着厚层的淤泥。涨潮时沟内充满水流，落潮时谷底露干。潮沟是由海向陆逐渐发展的，沟头形状多样，有呈树枝状的，有呈长圆形的。其发育演化主要受潮控动力的影响。

海蚀阶地：位于低潮线以上，主要是由波浪对岩岸岸坡进行机械性的撞击和冲刷，岩缝中的空气被海浪压缩而对岩石产生巨大的压力，波浪挟带的碎屑物质对岩岸进行研磨，以及海水对岩石的溶蚀作用所形成的一个近于平坦的基岩平台。出露于水上的阶地，称水上阶地；淹没于水下的阶地，称水下阶地。海蚀阶地是潮间带地貌类型之一，各基岩岛均有分布。

△ 图5-13 潮沟

▲ 图5-14　北长山岛九丈崖

如烟台海域最宽的海蚀阶地位于北隍城岛，约100米；威海海域镆铘岛东部最为典型，宽度可达700米，全岛海蚀阶地总面积1.2平方千米；青岛海域最宽海蚀阶地为北牛岛，约有440米；日照海域以桃花岛发育最为典型。

海蚀崖：基岩海岸受海蚀作用及重力崩落作用沿断层面、节理面或层理面形成的陡壁悬崖（图5-14、5-15）。其形成过程是在近岸水下斜坡有较大倾斜和风浪盛行的地带，击岸浪挟带岩石碎

▲ 图5-15　大黑山岛龙爪山海蚀崖

屑或砂砾石不断拍击、冲刷、掏蚀，凹穴不断向里伸进，规模逐渐扩大，最后导致上部岩石崩塌，形成陡峭崖壁；继续冲刷、掏蚀、崩塌，海岸则进一步后退。海蚀崖崩塌在崖麓的碎屑物未被海浪冲刷改造时，崩塌作用可在一定时段里阻止海岸进一步遭受破坏；当崖麓碎屑物被波浪挟去，海岸侵蚀作用再度恢复。但随着海蚀平台距离的增加和水下堆积地形的发育，波浪作用受到极大抑制，这时海蚀崖后退的速度减缓，甚至停止后退。海蚀崖可分为现代海蚀崖与古代海蚀崖。

海蚀拱桥：是基岩港湾海岸的一种海蚀地貌。外形呈拱桥状，故称海蚀拱桥（图5-16）。常见于海岸岬角处。岬角的两侧因海蚀作用强烈，使已形成的海蚀洞穴最后从两侧方向被蚀穿而贯通起来，在外形上似一拱桥，又称海穹。

海蚀柱：基岩海岸外侧孤立的柱状或塔锥状地貌。是海岸岬角或海蚀阶地遭受海浪冲击掏蚀，完全与基岸分离，残留在水下海蚀台地上的石柱。也可以由海蚀拱桥受长期侵蚀，拱顶下塌而成。有的形

▲ 图5-16　海蚀拱桥

成海蚀蘑菇（图5-17）。

海蚀（洞）穴：又称浪蚀龛，指海岸基岩被波浪长期侵蚀形成的凹穴或洞道。按照与海平面的关系，可分为3种类型：潮下带海蚀穴，部分或全部发育在水下，其形成原因为生物或化学作用；潮间带潮汐海蚀穴和潮间带破浪海蚀穴，前者整个或部分在潮间带掘成，后者通常在高潮位上掘成；潮上带海蚀穴，多发育在浪花带及其附近。在海崖高潮位以上不同高度上出现的古海蚀穴，表征海平面间断下降或发生突发性垂直构造运动。烟台海域以北隍城岛（图5-18）和大黑山岛最为发育，大的海蚀穴可在洞内站立；威海海域以海驴岛和千里岩岛发育最好；青岛海域如北牛岛较为发育。

连岛沙坝：又叫连岛沙洲，是连接岛屿与岛屿或连接岛屿与陆地的泥沙堆积体（图5-19）。由于岛屿前方受波浪能量辐聚导致冲蚀破坏，而岛屿后方是波影区，是波浪能量辐散的区域，波能所挟带的泥沙逐渐在波影区形成堆积，再加之常有岸上河流挟入的泥沙，形成的堆积体愈来愈大，并使两个岛屿或岛屿同陆地相连起来。

长岛海域的岛连岛沙坝发育最为典

▲ 图5-17　宝塔礁海蚀柱

▲ 图5-18　北隍城岛海蚀穴

▲ 图5-19　连岛沙坝

型,主要分布在南长山岛、北长山岛、庙岛、小黑山岛、大钦岛、小钦岛等海岛,其中以连接南、北长山岛的连岛沙坝规模最大(图5-20),长约400米,宽约40米,在此基础上修筑了连岛公路;烟台、威海海域连岛沙坝也较发育,主要分布在夹岛、崆峒岛、担子岛等,目前沙坝上大都已有道路通行。

砾石滩:砾石滩主要是海滩砾石在波浪的往复推动作用下,砾石之间相互磨损,并在沿岸流的搬运作用下,沉积物不断分选,在海滩的横向和纵向上形成的有规律的地貌特征。它的发育反映了一个具有大量砾石来源以及定向风浪作用为主的海湾环境。

长岛海域海岛砾石滩分布广泛,较大的砾石滩有南隍城岛、大钦岛(图5-21)

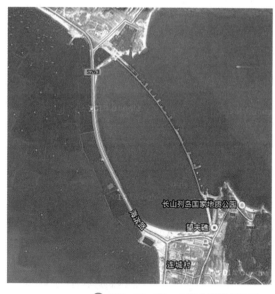

▲ 图5-20 南、北长山岛连岛沙坝

和北长山岛月牙湾等处,特别是月牙湾砾石滩早已成为著名的旅游景点(图5-22);青岛、威海海域各岛均有砾石滩分布,但规模较小,主要分布在南、北小青岛,大、小王家岛及刘公岛局部岸段。

▲ 图5-21 大钦岛砾石滩

▲ 图5-22 北长山岛月牙湾

海岛海底地貌

主要发育水下海蚀阶地、水下浅滩等地貌。

水下海蚀阶地：水下海蚀阶地为水上海蚀阶地向海的延伸（图5-23）。海蚀阶地上常有水下礁石耸立，为航行带来隐患。长岛海域此类型地貌各岛均有分布，水深可达10米，宽度20～110米，最宽的在砣矶岛西海岸，宽约250米。

水下浅滩：水下浅滩是低潮时略高于周围水域的平坦地形，涨潮时不见。浅滩周围常有岛屿、礁石为屏障，形成略为封闭的地貌类型。物质以沙和泥的混合物为主，向陆一侧略粗于向海一侧。长岛海域最大的水下浅滩位于南长山岛与庙岛之间，是良好的锚地及扇贝养殖场。

水下侵蚀洼地：分布不普遍，长岛海域仅在南长山岛信号山以西，北长山岛与螳螂岛之间及庙岛附近有分布，规模不大，水深比周围低2米左右。

水下砾石嘴和沙嘴：水下砾石嘴和沙嘴是水上砾石嘴和沙嘴的水下部分，是局部分布规模较小的堆积地貌。较典型的水下砾石嘴分布在南长山岛南部，退潮时仍不出露，但出现条带状破碎

▲ 图5-23　海蚀阶地

浪。典型水下沙嘴分布在小黑山岛村南侧砾石堤处，物质组成以粗沙为主。

水下侵蚀深槽： 由于水流速度的变化，水流的侵蚀和堆积作用交替进行，因此水底纵剖面往往是波状起伏的，堆积的部分就是浅滩，侵蚀的部分是深槽。

除大、小黑山岛外，其他各岛邻近海域均有分布。水下侵蚀深槽是比周围低的槽型侵蚀地貌单元，多属海流通道，如南长山岛东南的深槽，是登州水道的一部分。

山东岛屿文化及自然景观

山东历史文化悠久，是我国古文化的发祥地，现存一大批历史文化遗址，大致沿后李文化—北辛文化—大汶口文化—龙山文化—岳石文化延续，连续记录了约8 000年的文化年谱。

山东又是农耕文化和海洋文化的交融地。内陆广袤而肥沃的平原，适宜耕作和发展农业生产。而东部三面环海，有3 000多千米的海岸线，400多个大大小小的岛屿如珍珠般散落在沿海海域。岛屿文化无疑是海洋文化的重要组成部分。早在旧石器时代晚期，我们的先民就在有些海岛上繁衍生息。山东岛屿不同历史时期的众多遗址和出土文物，反映了不同历史时期的面貌，对研究山东、辽东和朝鲜半岛的古文化以及研究沿海与中原文化的关系有着重要的意义。

岛屿古文化遗址

长岛智人的发现： 1985年4月26日，考古工作队于长岛黄土断崖底部发现一具人类头盖骨和破碎的肢体骨骼，经现场勘查认为头盖骨钙化程度高。1988年，中国古人类学家贾兰坡先生在长岛鉴定该骨，确认其距今为35 000年。1993年6月，考古学家吕遵锷先生对其进行了技术鉴定，确认其年代为距今35 000年左右。这是已知的庙岛群岛最早的智人。

——地学知识窗——

古 人 类

对地质历史上全新世以前（距今1万年以上）的化石人类（fossil man）的一种泛称。从猿类到人类共经过南猿（南方古猿）、直立人（猿人）、尼安德特人（早期智人、古人）、克罗马农人（晚期智人、新人）等几个大的阶段。除新人外，均属于已灭绝的种类。新人与现代人属于同一亚种。一般将更新世晚期的新人化石划入古人类范畴；全新世以来，也就是新石器时代及以后的半化石，属于现代人类范畴。古人与现代人同属（人属）同种（智人种），但目前认为他们是不同亚种。

大黑山岛北庄遗址：位于大黑山岛北庄村的东北部，北依海拔113.4米的烽台山，南临南河，东眺陡崖礁石，距海边50米（图5-24）。整个遗址南北长约160米，东西宽约140米，总面积约22 400平方米。自1981至1984年，考古工作者先后对遗址进行了4次发掘，清理出半地穴式房屋基址73座，合葬墓4座，出土了大量陶器、骨器、石器和贝壳、束发器等装饰品（图5-25）。中国社会科学院考古研究所确认此处是一处新石器时期的村落遗址，因其与西安半坡遗址属同一时期，被专家们称为"东半坡"。属全国重点文物保护单位。

庙岛古城遗址：位于庙岛北部，南北长200米，东西宽90米。北城墙保存

▲ 图5-24 北庄遗址附近的岛陆地貌

▲ 图5-25 北庄遗址发掘现场

较好，长90米，宽7米，残高1～2.1米。西城墙建在海滩与山地交界处，残墙长63米，最宽处6米，高0.5～2米。东残墙长100米，宽7米，高0.5～2.5米。南墙现已不存。城墙由夯土层和碎石层相叠而成，建筑年代待考。

北长山岛珍珠门遗址：位于北长山岛大西山西侧，南北长150米，东西宽80米，因地近珍珠门水道而得名。是山东省重点文物保护单位。该处出土的陶器颜色有红、褐、灰色。其中，素面红陶大鬲是珍珠门文化的典型器物。该遗址为一处商代至西周中期的祭祀文化遗址，其文化内涵不同于中原地区的商周文化，是胶东地区具有代表性的地方历史文化遗存，被称为"珍珠门文化"。

刘公岛战国遗址：位于刘公岛东村东沟，遗址范围约2 000平方米，发现于1978年。战国遗址从断崖上可观察到文化层堆积：上为50厘米厚的耕土层，下为1米左右的黄沙土，不见遗物，再下一层有60～80厘米的黑灰土，里面夹杂着蛤蜊壳和陶片、兽骨等。出土器物有陶豆、陶罐、陶盆等残片。最下层尚未发掘。2006年1月，被列为威海市重点文物保护单位。

刘公岛甲午海战纪念遗址与博物馆：刘公岛位于山东半岛的东端，与辽东半岛的旅顺口相对，战略地位十分重要。加上周围的一些小岛，形成一条威海港的天然屏障。自清代以来，一直是北方的海防重地。清末，岛上建有北洋水师提督署、水师学堂、水师养病院、码头、电报局、电灯台、船坞、炮台等一系列海军军事与基地保障设施，成为当时亚洲一流的军港。甲午战争失败后，刘公岛被日军占领。后来，英国强租威海卫，刘公岛又成为英国皇家海军远东舰队的避暑疗养地。1952年，人民海军进驻，刘公岛成为中国人民解放军北海舰队的重要基地之一。

中国甲午战争博物馆是以北洋海军与甲午战争为主题内容的纪念遗址性博物馆，是中国近代历史的见证和缩影（图5-26）。

▲ 图5-26 甲午战争博物馆

改革开放后,刘公岛成为主题鲜明的爱国主义教育基地。1988年,国务院公布"刘公岛甲午战争纪念地"为全国重点文物保护单位(图5-27)。

▲ 图5-27 甲午战争纪念地

田横岛遗址:田横岛位于即墨市东部海面3.5千米处(图5-28)。据史书记载,秦末汉初,群雄并起,逐鹿中原,刘邦手下大将韩信带兵攻打齐国,齐王田广被杀,齐相田横率五百将士退据此岛。刘邦称帝后,遣使诏田横降,田横不从,称"死不下鞍",于赴洛阳途中自刎。岛上五百将士闻此噩耗,集体挥刀殉节。世人惊感田横五百将士之忠烈,遂命名此岛为田横岛。五百将士的合葬墓位于岛西部的最高峰田横顶上,墓周长30米,高约2.5米,是田横岛最著名的历史史迹,也

▲ 图5-28 田横岛遗址

是青岛市级重点文物保护单位。

微山岛三贤墓遗址：三贤墓遗址坐落于微山岛凤凰台上，三贤墓即微子墓、目夷君墓、汉张良墓。是山东省级重点文物保护单位。

微子墓：微子名启，商代仁人，是殷纣王的庶兄，孔子的十九世先祖。微山岛、微山湖、微山县都因微子而得名。

目夷君墓：目夷，字子鱼，春秋时人，殷微子的十七世孙，宋襄公的庶兄，著名的政治家和军事家。目夷墓位于微山东峰，距微子墓2.5千米处。现存墓为圆土堆，墓前立一石碑，正面阴刻篆文："宋贤目夷君墓"。

张良墓：张良，字子房，西汉人，死后葬于微山岛上。墓前有清乾隆二年立的石碑一幢，上书"汉留侯张良墓"。

岛屿民俗及非物质文化遗产

海岛特殊的地理环境条件和独特的自然环境以及历史上相对封闭的社会环境，造就了海岛独特的民俗文化。这些民俗文化包括海岛特有的风景风情文化、旅游文化、民俗文化、海防文化、语言文化、航海文化、信仰文化等。

海岛民俗文化：有出海风俗、祭海神、庆丰收风俗、排船（造船）风俗、遇风风俗、抢险救助风俗等。

出海风俗：旧时，山东海岛渔民初次出海捕鱼，青少年都要腰系红腰裙布，挂香荷包，以表示平安吉祥。渔船春天初次出海，船桅杆上挂大吊子，船老大到船头焚香烧纸，祈求海神保佑，伙计敲锣鸣鞭炮，在张蓬号子声中与家人道别。

祭海神：旧时，渔民每年出海首次捕鱼，在起网时，只要见到鱼，无论多少，船老大即吩咐从网中捞一些鱼放到开水锅里煮一下，盛入钵子，进行祭海龙王的仪式。现在，此俗逐渐消失。

海防文化：山东海岛多为地理位置特殊的兵家必争之地。以庙岛群岛为例，历史上曾发生过许多战事。1949年8月12日，中国人民解放军渡海作战并进驻长岛，之后这里一直为军事要塞。驻军积极支援地方经济建设，在用电、筑路、海岛绿化、农田水利建设及地方抢险救灾等方面给予大力支持，形成了特殊的海防文化。

航海文化：最具特色的是庙岛群岛。这里地理环境独特，自古至今作为中国北方航海中心与著名的古航道，在烟台开埠之前，庙岛在南北航运沟通和妈祖文化北传过程中发挥了重要作用。为了反映庙岛地区的航海历史，1985年，长岛县在天后宫修建了航海博物馆，展出各类航海

文物1 500余件, 珍品100余件。

信仰文化: 山东海岛居民的信仰主要传承了大陆地区的信仰文化。主要有道教、佛教、基督教等。唐宋时期, 道教、佛教开始在海岛传播, 并建有寺庙。元朝时期, 岛上佛教开始兴盛, 佛教、道教混杂布局。民国初年, 佛教渐趋衰落, 基督教开始在部分岛上传播。1921年后, 岛上的基督教活动逐渐衰落。

八仙传说与"海上仙山": 八仙传说是山东汉族民间传说之一, 到明代中叶吴元泰的《东游记》和汤显祖的《邯郸梦》问世后, 始定八仙为铁拐李、汉钟离、张果老、何仙姑、蓝采和、吕洞宾、韩湘子、曹国舅, 相沿至今。八仙传说为国家非物质文化遗产之一。

芝罘岛与秦始皇东巡的传说: 芝罘岛位于烟台市区西北, 山顶上有春秋时期的康王坟, 山脚下有秦封八主之一的阳主庙 (1965年被拆除)。该岛因秦始皇三次登临而名扬天下。据《史记》记载, 秦始皇二十八年登芝罘岛立石, 二十九年登芝罘岛刻石记功, 三十七年登芝罘岛射鱼。

妈祖信俗: 也称为娘妈信俗、娘娘信俗、天妃信俗、天后信俗、天上圣母信俗, 是以崇奉和颂扬妈祖的立德、行善、大爱精神为核心, 以妈祖宫庙为主要活动场所, 以庙会、习俗和传说等为表现形式的民俗文化。妈祖信俗由祭祀仪式、民间习俗和故事传说三大系列组成。山东长岛之所以称"庙岛群岛", 是因为庙岛上有北方地区建造最早、规模最大的妈祖庙——显应宫 (图5-29)。妈祖信仰是航

▲ 图5-29　庙岛显应宫

海业发展的产物。显应宫作为古今中国北方妈祖信仰中心，在妈祖文化形成、发展和妈祖文化在北方传播的过程中起着巨大作用，并对日本、朝鲜半岛的妈祖文化产生了重要影响。

海岛民居：最典型的是沿海地区及岛屿居民的海草房。由于海岛上的建筑材料缺少，先民把海草铺絮到房顶上盖苫房子，冬暖夏凉。目前，在荣成市沿海地区及岛屿仍保存很多有200多年历史的海草房（图5-30）。这些海草房历经无数风雨，印证了历史的久远，向人们宣示着海草房的厚重与耐久。

岛屿气象自然景观

海市蜃楼、平流雾、海滋等现象是海岛及海岸地带特有的自然现象，反映了特定自然条件下的水气、光照等综合作用

△ 图5-30 荣成沿海海草房

形成的自然景观，给海岛蒙上了神秘的面纱。

海市蜃楼：平静的海面、大江江面、湖面、雪原、沙漠或戈壁等地方，偶尔会在空中或地面出现高大楼台、城郭、树木等幻景，称为海市蜃楼。这是一种因光的折射或全反射而形成的自然现象，是地球上物体反射的光经大气折射而形成的虚像，也简称蜃景。

海市蜃楼的种类很多，根据它出现的位置相对于原物的方位，可以分为上蜃、下蜃和侧蜃；根据它与原物的对称关系，可以分为正蜃、侧蜃、顺蜃和反蜃；根据颜色，可以分为彩色蜃景和非彩色蜃景等。

我国广东汕头南澳岛、惠来澳角，山东蓬莱，浙江普陀海面上常出现这种幻景，古人归因于蛤蜊之属的蜃吐气而成楼台城郭，由此得名。

蓬莱、长岛海域的海市蜃楼不仅出现频率高，而且景象内容明显、丰富。宋人沈括在《梦溪笔谈》里说："登州海中，时有云气，如宫室、台观、城堞、人物、车马、冠盖，历历可见……"自1980年以来，庙岛群岛海域出现过海市十余次，这些海市万千变化，景象万千。《山

海经·海内北经》说："蓬莱山在海中，上有仙人，宫室皆以金玉为之，鸟兽尽有，望之如云，在渤海海中也。"

龙口桑岛一带出现海市蜃楼或海滋现象在古代也有记载。《黄县（今龙口）县志》记载：同治年间，"岛中多山景，有田可耕。春、夏之交，蜃气幻成楼市，或为城郭，舟楫旌旗之状，飙回倏变，眩人耳目。"

海滋：海滋是岛礁等实体发生的虚幻变化（图5-31）。海滋出现时，常是海空融为一体，水天浑如一色。或岛屿跃入天际，舟楫如游空中；或礁石如车如舟，时行时停；或礁如菇，岛如笠，如山水画卷；或岛生双翼，若大鹏翱翔；或一爿岛山向你压来，瞬间又去得无影无踪；或群岛聚会，错落掩映，分合反复，变化万千。

海滋奇观主要是在海温与气温的差异达到一定程度时产生的。水温居高遇冷空气或水温偏低遇暖空气时，海面上便会产生密度较大的水气层。当水气不向高处升腾，只在海面以上低空缓慢飘移时，由于阳光的折射作用便会出现一幕幕海滋奇观。海滋比海市出现的频率高，几乎每年都可以出现，不仅在夏季，四季均可出现。

海市蜃楼与海滋的形成原理在本质上是有区别的。当异地景物被阳光折射到空气稀薄的高空后，恰好造成适宜的角

▲ 图5-31　海滋

度，又经不同密度的空气层的传递折射回低空，平静的海面即成海市的地面接收站。所以，海市蜃楼是来自异地的虚像。海滋的景物取自当地海面上的实体，当水温与气温存在较大差异时，低空海面生成密度较大的"水晶体空气层"，再由阳光折射就形成了海滋。

平流雾：海市、海滋的奇异景观是光的艺术，平流雾所衍生的美丽画卷则是雾的杰作。春夏之交，丽日之时，海面常有一种扁平的雾气，飘逸流畅。由于它时浓时淡，时趋时缓，将山峦、平畴、峭壁滩涂、楼宇屋舍、车流闹市半遮半掩，半显半露，形成一幅美丽的画卷，称之为平流雾（图5-32）。

平流雾是暖湿空气移到较冷的陆地或水面时，因下部冷却而形成的雾。通常发生在冬季，持续时间一般较长，范围大，雾较浓，厚度较大，有时可达几百米。它时如瀑布飞泻，弥海填湾，气势磅礴；时如抽丝扯缕，绕礁缠崖，妩媚可人；时如漫长的绶带，雾流之上，阳光灿烂，雾流之下，岛屿村落，时隐时现。

△ 图5-32 长岛平流雾

111

Part 6 岛屿作用概观

辽阔的海洋是地球生命的摇篮，也是当今人类的第二生存空间。富饶的海洋中蕴藏着各种各样的资源，很多资源都是沿着陆地和岛屿周围分布，是人类的宝贵财富。这些岛屿中，有的是作为国土界标的领海基点岛屿，有的拥有众多自然景观和旅游资源，有的是重要的交通枢纽，有些还是各类科学研究的基地。

岛屿是国家主权界标

领海是国家领土在海中的延续，属于国家领土的一部分，一个国家对领海拥有和陆地同样的主权。岛屿可以和其他陆地领土一样有自己的领海、毗连区、专属经济区和大陆架。

岛屿的国土意义

岛屿本身就是一个国家领土的重要组成部分。拥有岛屿就意味着国土面积的增大、海洋权益的增多。根据《联合国海洋法公约》规定，四面环水并在高潮时露出水面的自然形成的岛屿可以和陆地一样拥有自己的领海、毗连区、专属经济区和大陆架。就是没人居住的礁石也能划出领海和毗连区。

根据计算，一个小岛或一块礁石，以12海里领海计算，可获得450平方海里（1 500平方千米）面积的领海区，相当于3个新加坡的面积。再以200海里专属经济区计算，可获得125 600平方海里（430 796平方千米）的专属经济区，面积相当于我国的4个浙江省。因此，岛屿极大地扩展了一个国家在海洋中的可管辖海域。我国300多万平方千米的海洋国土中相当大的部分就是以岛屿为基础计算的。因此，岛屿的重要意义大大超过岛屿本身。

《中华人民共和国领海及毗连区法》规定：中华人民共和国陆地领土包括中华人民共和国大陆及其沿海岛屿、台湾及其包括钓鱼岛在内的附属各岛、澎湖列岛、东沙群岛、西沙群岛、中沙群岛、南沙群岛以及其他一切属于中华人民共和国的岛屿。

领海是国家领土在海中的延续，属于国家领土的一部分，一个国家对领海拥有和领土同样的主权，主权包括领海上空、海床和底土。

岛屿在领海测量中的界址意义

领海基线是国家确定其领海宽度及其管辖下的海域宽度的起算线。依据规定，我国领海的宽度从领海基线量起为12海里，领海基线由相邻的临海基点之间连接组成。我国分别在1996年和2012年两次公布了领海基点。1996年《中华人民共和国政府关于中华人民共和国领海基线的声明》宣布我国大陆领海的部分基线和西沙群岛共77个领海基点的名称和地理坐标；2012年9月《中华人民共和国政府关于钓鱼岛及其附属岛屿领海基线的声明》宣布了我国钓鱼岛及其附属岛屿的领海基线和17个领海基点的名称和地理坐标。

岛屿是矿产资源宝库

世界上许多著名的矿床分布在岛屿及其附近海域。著名的有太平洋多金属矿床、牙买加铝土矿床、邦加锡矿、加达尔铌钽矿床等。我国的台湾岛、海南岛等地也蕴藏着丰富的矿产及地热等资源。

世界主要岛屿矿产地

太平洋多金属硫化矿（the Pacific polymetallic sulfide ores）：位于太平洋加拉帕戈斯群岛、东太平洋海隆地区以及戈尔达海岭和胡安—德富卡海岭等处。这些区域相继发现了一些具有价值的多金属硫化物矿床。加拉帕戈斯群岛发现的一个矿床位于水深2 500～2 600米，长1 000米，宽200米，高350米，矿石平均含铁35%、铜10%等，金属量2 500万吨，总价值39亿美元。

牙买加铝土矿（Jamaica bauxite deposit）：超大型铝土矿床，位于加勒比海的牙买加岛上。由白垩纪至现代的岩石组成，发育在60～600米的中央山脉两侧，属岩溶型铝土矿。

邦加锡矿（Bangga tin ores）：大型锡矿床，位于印度尼西亚苏门答腊岛东南的邦加岛。以砂矿为主，成矿时代为古近纪、新近纪、第四纪，锡产量占本国总产量的70%以上，估计锡资源量达90万吨。

加达尔铌钽矿床（Gardar nibium-tantallum deposit）：世界上最大的超大型富铌、钽矿。位于格陵兰岛南部加达尔。矿区为一大的碱性侵入体，矿体赋存在正长岩和微正长岩的几个岩相蚀变带中。估算矿石储量约1亿吨。铌、钽的资源量分别为100万吨和600万吨。

马达加斯加石墨矿床（Madagascar graphite deposit）：世界上最大的超大型晶质石墨矿床。位于马达加斯加岛的东南部，面积15.36万平方千米。矿体赋存在云母片麻岩和片岩组成的硅质沉积变质岩中，宽度延伸约500千米。已探明资源量约1亿吨。

中国主要岛屿矿产地

我国岛屿及其周围海域蕴藏着丰富的金属和非金属矿产资源。石油、天然气资源主要分布于近海和岛屿的大陆架上。如海南岛的石碌铁矿品位为51.2%，居全国第一，它的储量占全国富铁矿储量的71%，是低硫低磷微锰的优质矿；南沙群岛、海南岛的北部湾、莺歌海、琼东南等的石油、天然气资源前景广阔。据科学家概略统计，南沙群岛海域储存着137亿~177亿吨石油，可开采量达40亿吨，被称为第二个波斯湾。

山东省黄河入海口的近海地带有丰富的石油、天然气、卤水、煤炭等资源。垦利县是胜利油田的发祥地和主产矿区，到2010年底，胜利油田共发现77个油气田，累计探明石油地质储量50.42亿吨。东营沿海及附近海域浅层卤水资源储量2亿多立方米，深层盐矿、卤水资源推算储量达1 000多亿吨。

抱伦金矿床（Baolun gold deposit）：超大型金矿床，位于海南省乐东县，已发现13条构造破碎带，7条为含矿破碎带。矿体21个，平均品位1.00～29.30克/吨，普查评价资源量为109.9吨。

金爪石金矿床（Chinkuashin gold deposit）：超大型金矿床，位于台湾省基隆市东部，产于新近纪英安岩和石英安山岩岩株等断裂带，金品位可达20～1 000克/吨，已采和保留储量500吨。

蓬莱铝土矿矿床（Penglai bauxite deposit）：位于海南省文昌市、安定县及琼海市之间，矿体由玄武岩风化而成的红土及铝土矿石团块组成，探明储量119万吨。

115

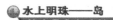
台湾煤田（Taiwan coalfield）：为中国新近纪煤田，位于台湾省中央山脉两麓的中北段，长230千米，厚达6 000米，于20世纪90年代停采。

岛屿是自然景观胜地

岛屿旅游资源包括以自然因素为主的海岸地貌、美丽的自然景观、宜人的气候、平缓而宽阔的沙滩和海水浴场、丰富多彩的海洋自然生物资源等，海洋历史文化、历史古迹和海洋民俗风情等也是旅游资源的重要组成部分。

岛屿是被海水或湖水包围的水中陆地，由于被水包围，形成一个特殊的封闭环境，尤其是海洋中的岛屿与大陆分离，不仅自然环境、居民生活方式与大陆不同，而且对居住于大陆的人来说有一种神秘感，具有极大的吸引力。岛屿的地形地貌与海水形成的山水一体、交相辉映的整体效果以及各类海蚀海积地貌是岛屿旅游的重要组成部分。

世界上许多著名的岛屿都是旅游目的地，我国辽东半岛的长山群岛、大连的蛇岛、山东的刘公岛、江苏的车牛山岛、浙江的舟山群岛、福建的马祖列岛、金门岛、鼓浪屿，海南岛（图6-1）等都已成

▲ 图6-1　海南岛旅游度假区——亚龙湾

为著名的海岛旅游度假区。我国内陆湖泊岛屿的旅游资源也很丰富，其中著名的有青海湖鸟岛、洞庭湖的君山岛、千岛湖的大小岛屿、松花江的江心岛、哈尔滨的太阳岛等。

本书收录世界主要岛屿地质公园19处、世界主要岛屿自然遗产地50多处、世界主要岛屿自然遗产与文化遗产双遗产地5处，中国主要岛屿地质公园、风景名胜区20处，见附录。

岛屿是生物聚集的天堂

岛屿有独立的生态环境系统，是各类动植物生息繁衍的天堂，对维护岛屿生态平衡起重要作用。岛屿的生物资源为当地的社会经济发展提供了物质基础。

海洋岛屿由于海域的隔离，分布边界清晰，分布范围狭窄，生物种群有限。由于岛屿独特的生态系统，岛屿动植物资源具有遗传的特有性。如西班牙的加那利群岛植物系统中40%为岛屿特有，植物种类约570种。

我国沿海岛屿周围多是著名的海洋渔场，鱼类品种多、生长快，鱼汛长，如金枪鱼、鲳鱼、石斑鱼等经济价值高的名贵鱼较多，是发展海洋渔业的最佳地区。岛屿周围还有广阔的浅海及滩涂资源，可供人工养殖价值较高的鱼、虾、贝、藻等多种水产。

我国的台湾岛素有"森林宝库"之称，以亚热带动植物为主，南部有热带种类分布。森林面积占全岛总面积的一半以上，相当于江苏、安徽、浙江三省森林面积的总和，木材的蓄积量达3亿立方米以上。

我国的南沙群岛大多数岛上都生长着热带、亚热带植物。海南岛是热带植物宝库，有维管束植物4 000多种，630多种是海南特有。

黄河入海口冲积岛分布区及其附近海域，在黄河等河流作用下，含盐低，含氧高，有机质多，饵料丰富，形成独特的生态系统，适宜多种鱼虾生存、繁殖、洄游，这里有海洋生物600多种，300多种鸟类在这里栖息。庙岛群岛海域海产品资源丰富，生长着30多种经济鱼类和200多种贝、藻类，鲍鱼（图6-2）、扇贝（图6-3）、海胆（图6-4）、海参（图6-5）等海产品在国内外享有盛誉，素有"鲍鱼之乡""扇贝之乡""海带之乡"的美称。

▲ 图6-2　鲍鱼

▲ 图6-3　扇贝

▲ 图6-4　海胆

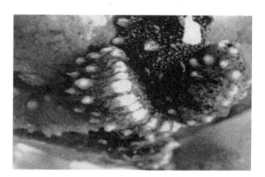

▲ 图6-5　海参

岛屿位置不可替代

岛屿在海洋交通中具有不可替代的重要作用。在人类文明的发展史上，岛屿具有独特的地位，有过重要的贡献。岛屿上可建设灯塔、雾号、航行标志及通

▲ 图6-6 灯塔

信基站等交通设施。

据考证，早在公元前4500年到公元前3000年间，地中海东部爱琴海南端的克里特岛上的居民就开始了航海，发展了古代欧洲、亚洲、非洲之间的海上贸易。世界四大文明古国中的印度、埃及、巴比伦，在古代也都展现了各自发达的航海历史。我国在秦汉时代海路已通日本、印度尼西亚，远至罗马帝国。1405~1433年，明代郑和先后七次下西洋，纵横南海和印度洋，南到爪哇，西至非洲南部的马达加斯加岛，把中国的文化传到世界各国。

利用海岛的自然优势条件，可以建立各种商港、渔港、油港、军港、工业基地等设施。一般情况下，面积较大的岛屿都有人居住，无人居住的小岛也可以作为渔民避风休息的地方。岛屿上可建设灯塔（图6-6）、雾号（图6-7）、航行标志及通信基站，指引海上航行。岛屿也是大洋

▲ 图6-7 雾号

各种管道的中继站。

我国沿海岛屿是扼守祖国东大门、南大门的重要基地和海上交通要冲，对国家海上安全意义重大。沿海岛屿是祖国大陆通往海洋和世界各地的桥梁，是对外经济和开发海洋的前沿地带，处于海陆文明交汇、东西方文化交流的枢纽地位。我国岛屿岸线长达1.4万千米，多优良港口，港阔、水深、浪小，许多港口具备建设万吨级以上泊位的自然条件，因此，沿海岛屿具有海上枢纽的重要地位。

岛屿是科学研究基地

海洋基础地质研究

随着世界人口的增加，陆地资源日益匮乏，而海洋是巨大的宝库，人类需要的食物、矿产、能源、生物等各种资源应有尽有，人们把海洋看成新的生存空间。随着对海洋研究的深入和科学技术的发展，人类从海洋中获得越来越多的资源，对海洋的利用程度不断提高（图6-8）。但是由于海洋的限制，我们

▲ 图6-8　钻井

对海洋地质的研究比大陆要滞后得多，对海洋地质体空间属性、物质组成、结构构造及其发展演变的规律不能完全掌握。海岛的存在为我们研究海洋地质提供了十分有利的地理及地质基础。海岛的地层岩性、地质构造、岩浆岩活动等往往代表了海岛周围一定范围的地质条件，因此，海岛对海洋矿产、海洋地质环境、海洋地质灾害、地震等的研究具有十分重要的作用。目前，我国海洋地质的研究主要集中在沉积盆地的形成与演化、板块的俯冲消减、弧后盆地的扩张、断陷盆地与拉断盆地的形成、断裂构造的分形研究、大地构造与海平面升降等，此外，还有滨海及陆架沉积特征及成因研究、沉积物的测年研究、沉积物有机碳和贵金属研究等。

应用地学研究

近年来，我国在岛屿的地震地质、地热地质、海洋工程地质、灾害地质、环境地质、能源地质方面的研究也有进展。如海平面的变化对环境的影响、气水化合物与气候骤变的关系及其作为未来能源的重要性、海洋地质灾害对钻井平台和人类活动的危害性、热流的分布

特征及其应用等。

矿产资源研究

海洋矿产资源极为丰富，是未来人类开发利用有价值矿产的主要来源。研究和开发海洋矿产资源意义深远。岛屿矿产资源研究是海洋矿产资源研究的窗口，对海洋矿产资源具有重要作用。我国早在1958~1960年进行的全国海洋普查工作中，就对包括南黄海在内的海域进行了地球物理调查。目前，主要采用的科学方法有高精度重力、海磁、航磁勘探，数字地震勘探等。在渤海地区，水深大于5米的海域发现了58个油气田和含油气构造。渤海海域新生界石油地质储量为$41.8 \sim 71.4 \times 10^8$吨，天然气地质储量为$1\,329 \sim 3\,565 \times 10^8$立方米（张宽等2007）；南黄海海域油气勘探累计投入地震勘探40 725.42千米，钻井18眼，总进尺42 408米，已经预测了首选远景区；东海海域发现8个油气田，5个含油气构造，累计获得探明地质储量石油$1\,731 \times 10^4$吨，凝析油798.5×10^4吨，天然气842.0×10^8立方米（李国玉，2002）；南海北部有5个含油气盆地，油气储量为$65.66 \sim 82.91 \times 10^8$吨油当量（中国地质

调查局，2004）；南海南部，据不完全统计共钻探井1 000余口，发现油气田180个（油田101个，气田79个），含油构造300余个，探明可采储量石油11.82×10^8吨，天然气3.2×10^{12}立方米（李玉国等，2002）。

生态环境研究

岛屿生态系统是以岛屿地理区域内的要素及其周边环境组成的生态系统。与陆地相比，岛屿远离大陆，被周围的水域包围，生态承载能力有限，自然灾害易发，生态环境系统很脆弱，对自然和人类活动比较敏感。影响岛屿生态环境的主要因素有物种的迁入与迁出、新生与灭绝，全球气候的变化，洪涝灾害、风暴潮、台风、飓风、海啸的袭击，咸水入侵等，另外，还有人类生产生活产生的污染、过度开发建设等。因此，为了规避未来发展过程中的生态安全风险，对岛屿生态环境研究很有意义。岛屿生态环境研究的主要内容包括岛屿生态系统健康诊断、岛屿生态风险分析、岛屿景观安全格局、岛屿生态监测、岛屿生态管理及保障等方面。

附　录

一、世界主要岛屿地质公园

1. 希腊莱斯沃斯石化森林地质公园（Petrfied Forest of Lesvos. Geopark, Greece）

位于爱琴海东北部，面积1 630平方千米。形状似树叶。1 500万~2 000万年间，火山爆发形成的火山灰和熔岩堆积快速掩埋了这里的茂密植被，形成硅化木，树木立着的高达7米，卧者达20米，直径可达3米，同时保存了枝、叶、皮和果，部分植物原来的颜色得以保存。

2. 爱尔兰科佩海岸地质公园（Geopark–Republic of Ireland）

位于爱尔兰南部海岸，主要地质遗迹是古生代地层剖面和古代铜矿采矿遗址。加里东运动形成的著名角度不整合保存清晰。

3. 英国大理石拱形洞——奎拉山脉地质公园（Marble arch caves & Cuilcagh mountain Geopark, Northern Ireland）

位于北爱尔兰西南部边陲地区。独特的地理地质条件使3条地下伏流与大理岩洞穴汇合，形成壮观的地下河出口。生物多样性独具特色。

4. 希腊普西罗芮特世界地质公园（Psiloritis Natural Geopark, Greece）

位于希腊著名的克里特岛，面积1 159平方千米。以古代文明著称。Ideon Andron洞是传说中的宙斯王的诞生地，在公元初，突发的火山中断了这里的远古文明。普西罗芮特是这里最高的火山，从海底至山顶有5 000米。

5. 意大利罗卡迪切雷拉地质公园（Rocca di Cerere Geopark, Italy）

也称罗卡世界地质公园，位于意大利西西里岛中偏南部，由9个景区组成，面积约1 298平方千米，其地质构造位于阿尔卑斯造山带的南支。这里有古希腊和古罗马时期的古城堡、工事、教堂、作坊、水塔等遗迹。

6. 意大利马东尼亚世界地质公园（Madonie Natural Park, Italy）

位于西西里岛北部，面积400平方千米，这里晚三叠世以来的地层完好，化石丰富，还有史前文化遗址，中世纪的古城堡、古道、农场等。

7. 马来西亚浮罗交怡岛地质公园（Langkawi Island Geopark, Malaysia）

位于马来西亚浮罗交怡岛，面积478平方千米。公园发育一组砂岩与页岩的交互地层，即马青长组，年龄5.5亿年，被认为是马来西亚最古老的岩石。还有众多的海岸地貌景观。

8. 意大利撒丁岛地质与采矿公园（Geological and Mining Park of Sardinia, Ltaly）

位于意大利撒丁岛，面积3 500平方千米。因其环境、地质与生物特征成为地中海独一无二的地方。采矿活动创造了采矿民族古老的文化。

9. 日本洞爷火山口和有珠火山地质公园（Lake Toya and Mt·Usu Geopark, Japan）

位于日本北海道西南部。从11万年的洞爷火山口到1~2万年的有珠山，在比较狭小的范围内蕴藏着丰富的、特有的地质遗迹。自1663年起，这里的火山喷发了9次。

10. 日本云仙火山区地质公园（Unzen Volcanic Area Geopark, Japan）

位于日本西端九州长崎县的南部。云仙火山形成之前，原半岛区是一片浅海。云仙火山是在其内一个活动盆地中形成的火山。

11. 日本丝鱼川地质公园（Itoigawa Geopark, Japan）

位于日本本州岛的中心地带，面积746.24平方千米，有24个区域划为地质遗迹区。其中，丝鱼川—静冈构造线与盐路地质遗迹等为主要亮点。

12. 英国威尔士乔蒙地质公园（Geo Mon Geopark, Wales）

位于安格尔西岛的海岸区，面积715平方千米。公园为游客提供了许多可以欣赏的景点和可以参与的活动。在这里，游客可以了解人类是如何使用包括当地岩石在内的各种岩石创造出从城堡到屋顶和道路再到富人房屋上的装饰性雕刻的。

13. 英国设得兰地质公园（Shetland Geopark, UK）

设得兰群岛由100多个岛屿组成，面积1 468平方千米。拥有丰富的地质遗迹，多样性的地貌，以及从前寒武纪到石炭纪每个地质年代的岩石。圣弥安岛沙洲是英国最大的活沙洲；设得兰蛇绿岩已经被描述成世界上最紧凑、最暴露、最完整和最易获取的蛇绿岩。

14. 韩国济州岛地质公园（Jeju Island Geopark, Korea）

位于韩国济州岛，面积2 368平方千米。济州岛是韩国最大的岛，主要地质景点有汉拿山、城山日出峰、万丈窟、水月峰等。济州岛是一座火山岛，这里自然景观优美，有重要的学术研究价值。

15. 日本山阴海岸地质公园（Sanin Kaigan Geopark, Japan）

位于日本山阴地区，面积87.84平方千米。古代的日本列岛是亚洲大陆的一部分，在这里可以观察到古代至现代的海岸变迁，以及美丽的自然风光。

16. 冰岛卡特拉地质公园（Katla Geopark, Iceland）

位于冰岛埃亚菲亚德拉冰盖火山地区，面积9 542平方千米，以火山地貌为特征，冰川在公园景观中极为突出。

17. 日本室户地质公园（Muroto Geopark, Japan）

位于日本高知县东部，面积248.3平方千米。在这里可观察到因板块运动和地震而隆起的海岸，并保存有捕鲸和烧炭等传统文化。

18. 印度尼西亚巴图尔世界地质公园（Batur Global Geopark, Indonesia）

公园以印度尼西亚巴厘岛东北部的一个活火山口为中心，处于2.2万年前形成的两个巨大破火山口之间，是太平洋火山带活火山链的一部分。有丰富的火山地貌。自1800年以来，巴图尔火山至少喷发了22次。

19. 伊朗格什姆岛地质公园（Qeshm Geopark, Iran）

位于伊朗格什姆岛的西部，面积320平方千米。该地质公园有世界上最大的岩盐洞之一，全长6 000米，景观独特。

二、世界主要岛屿自然遗产地

1. 加拉帕戈斯群岛世界自然遗产地（Galapagos Islands, 1978, 2001）

位于厄瓜多尔西海岸约1 000千米的太平洋赤道水域，经过2001年的拓展，其核心保护区面积

140 665.14平方千米。这里是三股洋流的交汇处，19座岛屿及其周边的海洋保护区被誉为"生物进化的天然博物馆与陈列室"。仍在进行的地震和火山活动，见证了群岛的成长过程。

2. 大堡礁世界自然遗产地（Great Barrier Reef，1981）

位于澳大利亚东北部昆士兰州东海岸沿线的太平洋上，是全球最大的珊瑚礁群落，含400种珊瑚、1 500种鱼类和4 000种不同类型的软体动物。这里是世界上最大的自然遗产地，是开展海洋生态旅游的天堂。

3. 阿尔达布拉环礁世界自然遗产地（Aldabra Atoll, 1982）

位于塞舌尔群岛西南方约1 000千米，离坦桑尼亚东南海岸约500千米的印度洋海面上，核心保护区面积350平方千米，包括4个大型珊瑚岛及其所环抱的潟湖区域。这里有152 000只巨型海龟。

4. 豪勋爵群岛世界自然遗产地（Lord Howe Island Group, 1982）

位于澳大利亚东南部新南威尔士州悉尼东北方向700千米的太平洋上，遗产地包括豪勋爵群岛和附近点缀着珊瑚礁的海水区，面积1 463平方千米。2 000米以下的深海火山活动塑造出独特的海岛地貌环境，生长着无数野生动物。

5. 波尔多海湾保护区世界自然遗产地（Gulf of Porto: Calanche of Piana, Gulf of Girolata, Scandola Reserve, 1983）

位于地中海科西嘉岛西北角，核心保护区面积118平方千米，主体岩性为巨型斑岩岩体。保护区植被具有典型的灌木丛林特色。

6. 五月山谷自然保护区世界自然遗产地（Vallee de Mai Nature Reserve, 1983）

位于塞舌尔马埃岛东北方向的普拉斯林岛中央区，核心保护区面积0.2平方千米，保护着一片自然棕榈林的最后残留地带，这种著名的海椰，据称先前是生长在海底深处的棕榈树，产有植物王国最大的种子。

7. 加拉霍艾国家公园世界自然遗产地（Garajonay National Park, 1986）

位于西班牙大西洋领地加那利群岛西部的拉戈梅拉岛中央，月桂林覆盖70%的园区，核心保护区面积39.84平方千米。温泉和众多溪流为古近纪—新近纪植物提供了繁衍滋生的物质基础。

8. 巨人之路及其海岸堤道世界自然遗产地（Giant's Causeway and Causeway Coast, 1986）

位于英国北爱尔兰北端紧靠大西洋的莫伊尔区，核心保护区面积0.7平方千米。遗产地主体是约40 000根从海底突出的黑色玄武岩石柱。巨人越海奔赴苏格兰的传说故事由此得来。

9. 格罗斯莫恩国家公园世界自然遗产地（Gros Morne National Park, 1987）

位于加拿大东部纽芬兰岛西海岸，核心保护区面积1 805平方千米。出露的深海洋壳和地幔岩石，为大陆漂移说提供了罕见的例证。稍晚地质时期的冰川活动塑造了丰富的海岸地貌。

10. 夏威夷火山国家公园世界自然遗产地（Hawaii Volcanoes National Park, 1987）

位于美国夏威夷群岛东南部的夏威夷岛上，核心保护区面积929.34平方千米。拥有世界上最活跃的两座火山——耸立在太平洋海水区域的莫纳罗亚山（4 170米）和基拉韦厄山（1 250米）。

11. 亨德森岛世界自然遗产地（Henderson Island, 1988）

位于英国在南太平洋东部的海外领地皮特凯恩群岛，核心保护区面积37平方千米。世界上仅有的几处几乎未受到人类活动干扰的原生态环礁之一，其偏僻的地理位置为科学家研究岛屿发育和自然选择理论提供了理想的场所。

12. 蒂瓦希波乌纳穆地区世界自然遗产地（Te Wahipounamu–South West New Zealand, 1990）

位于新西兰南岛南部区，核心保护区面积26 000平方千米。连续多期冰川塑造了峡湾、岩质海岸、悬崖等地貌。大部分地区被南方山毛榉和罗汉松所覆盖，某些大树的年龄已超过800岁。

13. 科莫多国家公园世界自然遗产地（Komodo National Park, 1991）

位于印度尼西亚东努沙登加拉省西北角海域，核心保护区面积2 193.22平方千米。火山群岛栖息着5 700多条巨蜥蜴，因在别的地方找不到同类动物，巨蜥蜴魔力般地召唤着研究进化理论的科学家。

14. 乌戎库隆国家公园世界自然遗产地（Ujung Kulon National Park, 1991）

位于印度尼西亚的万丹省，爪哇岛的最西端，核心保护区面积1 230.51平方千米，由乌戎库隆半岛和几处离岸群岛组成。公园展示着自然美景和杰出的地学研究价值，尤其是内陆火山研究价值。

15. 弗雷泽岛世界自然遗产地（Fraser Island, 1992）

澳大利亚昆士兰州东南部紧靠太平洋的岛屿，南北跨度122千米，是世界上面积最大的沙岛。

16. 白神山地世界自然遗产地（Shirakami–Sanchi, 1993）

位于日本本州岛东北部青森县和秋田县交界处，核心保护区面积101.39平方千米。遗产地人迹罕至，保存着一度覆盖整个日本丘陵和山坡地带、迄今顽强生存下来的寒温带山毛榉原始林最后的残余。

17. 图巴塔哈礁海洋公园世界自然遗产地（Tubbataha Reef Marine Park, 1993, 2009）

位于菲律宾西南水域苏禄海的中央区域，核心保护区面积1 300.28平方千米。海洋公园由南北珊瑚礁两大片区组成，是全球环礁岛群的独特代表。

18. 屋久岛世界自然遗产地（Yakushima, 1993）

位于日本九州岛正南方80千米的海面上，核心保护区面积107.47平方千米。这里是古北区和远东生物区的交汇点，拥有丰富多样的植物群属，包括有古植物标本之称的日本杉。

19. 戈夫岛和伊纳克塞瑟布尔岛世界自然遗产地（Gough and Inaccessible Islands, 1995, 2004）

位于英国南大西洋海外领地特里斯坦—达库尼亚群岛，核心保护区面积79平方千米，遗产地展示了寒温带几乎未受人为干扰的岛屿生态和海洋生态系统。

20. 伯利兹堡礁保护区世界自然遗产地（Belize Barrier Reef Reserve System, 1996）

位于伯利兹，保护区963平方千米的核心地带分7个不同地域展示着紧靠加勒比海的海水区域，其杰出的自然系统包括北半球最大的堡礁、数以百计的沙洲、成片的红树林等。这里是岸礁、堡礁和环礁等海洋生物与海洋地质地貌演化的经典示范区。

21. 赫德和麦克唐纳群岛世界自然遗产地（Heard and McDonald Islands, 1997）

位于澳大利亚珀斯城西南4 100千米的南印度洋上。是南半球靠近南极地区唯一的活火山群岛，被称为"通往地球心脏的窗户"。这里为科学家观测地貌演变过程、研究冰川动力学提供了绝好的场所。

22. 科科斯岛国家公园世界自然遗产地（Cocos Island National Park, 1997, 2002）

公园距离哥斯达黎加太平洋海岸550千米，核心保护区面积1 997.9平方千米。那里生长着东太平洋热带海域唯一的热带雨林。它是北半球赤道逆流首当其冲的遭遇现场，岛屿和周围海洋生态系统之间的多重交互作用，使其成为研究生态过程的最佳天然实验室。

23. 麦夸里岛世界自然遗产地（Macquarie Island, 1997）

位于南太平洋，核心保护区面积170平方千米。距澳大利亚塔斯马尼亚州东南端1 500千米，大约处于大洋洲和南极洲之间的中央位置。它因麦夸里海岭山脊露出水面而形成，是印度洋板块与太平洋板块碰撞抬升的结果。

24. 三峰山国家公园世界自然遗产地（Morne Trois Pitons National Park, 1997）

位于多米尼加国（多米尼克岛）中南部，核心保护区面积68.57平方千米。以海拔1 342米的三峰山火山为中心，生长着茂密的热带雨林，展示着极具科研价值的火山地质特征。这里有50多处出气孔，3处淡水湖泊，1处"沸湖"，5座火山，还有很多温泉出露。

25. 东伦内尔岛世界自然遗产地（East Rennell, 1998）

位于西南太平洋岛国所罗门群岛东南部，核心保护区面积370平方千米。东伦内尔岛是全球最大的隆起型珊瑚环礁，长86千米，宽15千米。本土物种丰富，岛屿被茂密的森林覆盖，其树冠高度平均约20米。

26. 新西兰的亚南极群岛世界自然遗产地（New Zealand Sub-Antarctic Islands, 1998）

位于新西兰南岛以南的南大洋水域，由5个岛群组成，核心保护区面积764.58平方千米。群岛位于南极和亚热带之间的海域，野生动物种群数量庞大。

27. 马德拉月桂树公园世界自然遗产地（Laurisilva of Madeira, 1999）

位于葡萄牙的大西洋海外领地马德拉岛，核心保护区面积150平方千米。该公园是先前一度广泛分布的月桂树型森林的残留区最杰出的代表，其中90%以上被认为是原始森林景观。

28. 普林塞萨港地下河国家公园世界自然遗产地（Puerto-Princesa Subterranean River National Park, 1999）

位于菲律宾西部巴拉望岛中央地带，核心保护区面积57.53平方千米。特色在于地下河流域系统的喀斯特地貌景观。河水突然从海里冒出来，是一大奇观。

29. 埃奥利群岛世界自然遗产地（Aeolian Islands, 2000）

位于意大利西西里岛正北方50千米的地中海水面上，核心保护区面积12.16平方千米。埃奥利群岛为记录火山岛的形成、毁灭和正在演化的火山现象提供了经典范例。针对群岛的研究至少可以追溯到18世纪。

30. 高海岸/克瓦尔肯群岛世界自然遗产地（High Coast/Kvarken Archipelago, 2000, 2006）

位于瑞典和芬兰中部，波的尼亚海湾横亘其间，核心保护区面积1 944平方千米。克瓦尔肯群岛（芬兰）由5 600多个岛屿组成，以不同寻常的搓衣板垄状冰碛（De Greer冰碛）为其主要地质地貌特征，形成于2.4万～1.0万年前大陆冰原的融化过程中。

31. 京那巴鲁神山公园世界自然遗产地（Kinabalu Park, 2000）

位于马来西亚加里曼丹岛、沙巴省北部边陲，核心保护区面积753.7平方千米。京那巴鲁神山是喜马拉雅山脉至新几内亚岛地区范围内的最高峰。有多种多样的植物生态区。

32. 穆鲁山国家公园世界自然遗产地（Gunung Mulu National Park, 2000）

位于马来西亚加里曼丹岛、沙捞越省北部，核心保护区面积528.64平方千米。以生物多样性和喀斯特地貌为主要特色，是世界上热带地区喀斯特地貌研究的经典样板。

33. 巴西大西洋群岛：费尔南多—迪诺罗尼亚岛和罗卡斯环礁保护区世界自然遗产地（Brazilian Atlantic Islands: Fernando de Noronha and Atol das Rocas Reserves, 2001）

位于巴西北里奥格兰德州东北方向的海域，核心保护区面积422.7平方千米。这些群岛和环礁是大西洋海底山脉群峰出露海平面而形成的，是大西洋区域诸多岛屿中的杰出代表。

34. 弗兰格尔岛自然保护区世界自然遗产地（Natural System of Wrangel Island Reserve, 2004）

位于俄罗斯远东联邦区楚科奇自治区正北方200千米的北冰洋海面上，核心保护区面积9 163平方千米。以弗兰格尔岛、赫拉德岛及其周围水域组成，因免遭第四纪冰期冰川作用的影响，有着异常高的生物多样性。

35. 皮通山保护区世界自然遗产地（Pitons Management Area, 2004）

位于加勒比海岛国圣卢西亚的西南部，核心保护区面积29.09平方千米。皮通·密坦岭将两座火山锥（大皮通山，海拔770米；小皮通山，海拔743米）连在一起，珊瑚礁占据其中60%的水面。这里栖息着160种长须鲸，60种刺胞动物。

36. 苏门答腊热带雨林区世界自然遗产地（Tropical Rainforest Heritage of Sumatra, 2004）

位于印度尼西亚苏门答腊岛东北地带，核心保护区面积2 5951.24平方千米。有10 000多种植物，200多种哺乳动物，580种鸟类。

37. 伊卢利萨特冰湾世界自然遗产地（Ilulissat Icefjord, 2004）

位于丹麦领地格陵兰岛西岸，北极圈以北约250千米，核心保护区面积4 024平方千米。伊卢利萨特冰湾是发源于格陵兰冰冠的少数几条冰川中Sermeq Kujalleq冰河的入海口。Sermeq Kujalleq冰河也是世界上流动最快（每天19米）、最活跃的冰川之一。

38. 加利福尼亚湾群岛及毗邻保护区世界自然遗产地（Islands and Protected Areas of the Gulf of California, 2005, 2007）

位于墨西哥西北部的加利福尼亚湾，包括244个岛屿和海岸区。这里是世界公认的物种形成研究天然实验室。地球上几乎所有类型的海洋物理与生物过程都能在这里找到代表。

39. 科伊瓦岛国家公园及毗邻海洋特别保护区世界自然遗产地（Coiba National Park and its Special Zone of Marine Protection, 2005）

位于巴拿马西南部太平洋水域的奇里基湾，包括科伊瓦岛及附近38个岛屿。因免遭冷空气和厄尔尼诺现象影响，新生物种在这里动态演化。

40. 知床半岛世界自然遗产地（Shiretoko, 2005）

位于日本北海道东北角。区内展示着海洋生态和陆地生态交互作用的杰出范例。因在很大程度上遭受北半球高纬度季节性海面浮冰的影响，表现出异常丰富的生态系统生产力。

41. 马尔佩洛岛动植物保护区世界自然遗产地（Malpelo Fauna and Flora Sanctuary, 2006）

位于远离哥伦比亚西海岸506千米的太平洋上，岛屿陆地面积仅3.5平方千米，其外围的核心保护区面积达8 571.5平方千米。这个大型海洋公园是东太平洋热带海域最大的禁渔保护区，为国际上濒危的海洋物种提供了重要栖息环境。

42. 阿钦安阿纳雨林世界自然遗产地（Rainforests of the Atsinanana, 2007）

位于马达加斯加岛东北，核心保护区面积4 796.6平方千米。6000万年前，马达加斯加岛同大陆彻底分离，动植物在孤立隔绝的状态下进入演化历程，幸存的雨林对于维系正在演化的生态进程至关重要。

43. 苏特塞火山岛世界自然遗产地（Surtsey, 2008）

位于离冰岛南部海岸约32千米的海面上，核心保护区面积33.7平方千米。1963~1967年喷发的火山塑造了一个全新的岛屿。1965年第一种维管植物开始在岛屿登陆，2004年岛上已有60种维管植物、75种苔藓、71种地衣、24种真菌。已发现335种无脊椎动物。

44. 索科特拉群岛世界自然遗产地（Socotra Archipelago, 2008）

位于也门东南方向的印度洋阿拉伯海水域，紧邻亚丁湾。核心保护区面积4 104.6平方千米。6个岛屿上，动植物种群繁多而独具特色。

45. 新喀里多尼亚潟湖世界自然遗产地（Lagoons of New Caledonia: Reef Diversity and Associated Ecosystems, 2008）

位于法国西南太平洋领地新喀里多尼亚岛西北，核心保护区面积15 743平方千米。这里是全世界最大的3个珊瑚礁生态系统之一，潟湖中生活着多种珊瑚和鱼类，是世界上珊瑚结构最为集中的区域。

46. 菲尼克斯群岛保护区世界自然遗产地（Phoenix Islands Protected Area, 2010）

保护区位于夏威夷群岛和斐济群岛之间，面积408 250平方千米，是太平洋区域海洋和陆生生物的栖息地。遗产地包括三大群岛之一的菲尼克斯群岛，是世界上最大的指定海洋保护区。

47. 留尼汪岛的山峰、冰斗和峭壁世界自然遗产地（Pitons, cirques and remparts of Reunion Island, 2010）

位于印度洋西南部，核心保护区面积1 000平方千米，由两座火山山脉组成。地貌特殊。

48. 斯里兰卡中央高地世界自然遗产地（Central Highlands of Sri Lanka, 2010）

位于斯里兰卡岛中南部。这些山地林位于2 500米海拔之上，拥有十分丰富的动植物资源。

49. 小笠原群岛世界自然遗产地（Ogasawara Islands, 2011）

位于日本东京南方约1 000千米的海面上，由30多个岛屿组成，陆域表面积73.93平方千米。这里是极危物种小笠原大蝙蝠以及195种濒危鸟类和大量野生动物的栖息家园。

50. 贝马拉哈的钦吉自然保护区世界自然遗产地（Tsingy de Bemaraha Strict Nature Reserve, 1990）

位于马达加斯加西部马哈赞加省的南缘，核心保护区面积1 520平方千米。这里拥有喀斯特地貌景观，石灰岩高地已经风蚀成针状尖峰与石林。

三、世界主要岛屿自然遗产与文化遗产双遗产地

1. 圣基尔达群岛世界自然遗产地与文化遗产双重遗产地（St Kilda, 1986, 2004, 2005）

位于英国苏格兰外赫布里底群岛以西的大西洋水域。核心保护区面积242.01平方千米。圣基尔达是一组壮丽的火山群岛，1930年后无人居住，却留下了2000多年前人类在极其恶劣的环境中求生存的鲜活证据。

2. 汤加里罗国家公园世界自然遗产与文化遗产双遗产地（Tongariro National Park, 1990, 1993）

位于新西兰北岛西南部，核心保护区面积795.96平方千米。对毛利人来说，这里象征着居民社区和自然环境之间的精神链接。

3. 伊维萨岛生物多样性及文化保护区世界自然遗产与文化遗产双遗产地（Ibiza Biodiversity and Culture, 1999）

位于西班牙东部地中海水域巴利阿里群岛西南部，核心保护区面积85.64平方千米。这里的海草发育成密集生长的海底草原，支撑着这里的海洋生物多样性。

4. 帕帕哈瑙莫夸基亚国家海洋保护区世界自然遗产与文化遗产双遗产地（Papahanaumokuakea, 2010）

位于夏威夷群岛西北250千米处，面积362 074.99平方千米，是世界上最大的海洋保护区之一。遗产地由一系列小岛和环礁及其附近海域组成。这里体现了夏威夷人理念中人类和自然世界的亲密关系。

5. 洛克群岛南方潟湖世界自然遗产与文化遗产双遗产地（Rock Islands Southern Lagoon，2012）

位于太平洋西部岛国帕劳管辖区内，核心保护区面积1 002平方千米，包括445个无人居住、成因为火山运动的石灰岩岛屿。超过385种珊瑚以及不同类型的生物栖息地构成了复杂的珊瑚礁系统。

四、中国主要岛屿地质公园及风景名胜区

1. 海口石山火山群国家地质公园（Mount Shishan Volcanoes National Geopark）

位于海南岛海口市西南15千米的石山、永兴两镇境内，属地堑—裂谷型基性火山活动遗迹，也是全国为数不多的全新世（距今1万年）以来有过多次喷发活动的休眠火山群之一。

2. 垦丁公园（Kenting Park）

位于台湾岛南端的恒春半岛上，公园陆地面积180.8平方千米，海域面积151.9平方千米，有生物多样性景观海洋生态、文化遗迹、珊瑚环礁、海蚀地貌等。

3. 太鲁阁公园（Tailuge Park）

位于台湾岛花莲县东北海岸。地处台湾中央山脉东麓，有绵延20千米的大理石峡谷，怪石林立。

4. 阳明山公园（Monut Yangmingshan Park）

位于台湾岛北端，以大屯火山群为中心，园区内有三次火山喷发遗迹，分别是250万年前形成的大屯山，70万年前形成的竹子山、七星山和30万年前形成的烘炉山等。

5. 涠洲岛火山国家地质公园（Weizhou Island Volcano National Geopark）

位于广西壮族自治区北海市北部湾海面上，是中国最年轻的火山岛。这里火山景观千姿百态。

6. 香港世界地质公园（Hongkong Global Gropark）

位于香港东北部，面积49.85平方千米。包括粮船湾、瓮缸群岛、果洲群岛、桥咀洲、东平洲

等8个景区。以古生代泥盆纪、二叠纪，中生代侏罗纪、白垩纪等地层、古生物、沉积和构造遗迹为特色。

7. 江苏苏州太湖西山国家地质公园（Mount Xishan National Geopark in Taihu Lake）

位于江苏省太湖的东南部，包括西山本岛及桃花岛、三山岛、横山群岛等20多个岛屿。以岩溶地貌、湖蚀地貌为主要特色，早期人类活动遗迹、遗物众多。

8. 上海崇明长江三角洲国家地质公园（Chongming Yangtse River Delta National Geopark）

位于崇明岛东端，由团结沙、东旺沙、北八澥沙合并而成。滩涂广布，潮沟发育典型，淤泥质地貌多样，具有鲜明的地质特色。

9. 浙江普陀山风景区

位于浙江省舟山市的普陀岛上，面积41.85平方千米，以花岗岩剥蚀丘陵、海蚀地貌景观为主，我国四大佛教名山之一。

10. 浙江嵊泗列岛风景名胜区

位于浙江舟山群岛嵊泗县境内，面积37.26平方千米。嵊泗列岛是天台山脉延伸沉陷入海的外露部分，海岛以海蚀地貌为主，有景点60余处。

11. 福建省鼓浪屿—万石山风景名胜区

位于厦门市东南部，面积229.94平方千米，主要地质景观有花岗岩石蛋地貌与海岸海蚀地貌为主。鼓浪屿有"海上花园""万国建筑博览会"之美称。

12. 福建省海坛风景名胜区

位于平潭县海岛，面积71平方千米，以花岗岩海岛、海岸地貌为主，是一处海岛海岸多功能型自然景观公园。

13. 湖北陆水风景名胜区

位于赤壁县境内，面积268.5平方千米，水域面积57平方千米，岛屿800多个，形成群山环湖、湖中群岛的自然景色。包括"三峡试验坝主体公园""水浒城"等景区。

14. 福建湄洲岛风景名胜区

位于莆田市秀屿区境内，总面积49.3平方千米，以海岛海岸海蚀地貌景观为主题。湄洲妈祖建筑群和湄洲妈祖祭奠分别列入全国重点文物保护单位、国家非物质文化遗产。湄洲岛是观光、朝圣和度假胜地。

15. 台湾玉山公园

位于台湾中南部，跨越南投县、嘉义县、高雄县和花莲县，面积1 054.9平方千米。玉山海拔3 952米，是台湾最高峰，也是中国东南部最高峰，是新构造运动形成的海岛高山。

16. 台湾雪霸公园

位于台湾岛中部偏北，面积768.5平方千米。为新构造运动形成的海岛高山地貌。区内有雪山和大霸尖山。

17. 海南省三亚热带海滨风景名胜区

位于海南岛最南端，面积226.45平方千米，以花岗岩海蚀地貌为特征。主要景点有崖州古城、南山、天涯海角、鹿回头等。

18. 山东半岛海滨风景名胜区

位于山东半岛东北部，散布在烟台、威海市，滨海岛屿景观，花岗岩海岸岛屿海蚀地貌。

19. 长山列岛国家地质公园

位于山东长岛县，是天然的黄、渤海分界线，由东北—西南排列的32个岛屿组成。以海岛和海蚀、海积地貌景观为特色，火山岩地貌、黄土地貌十分发育，自然景观、人文景观众多。

20. 刘公岛风景名胜区

位于山东威海市，是国家级风景名胜区、国家海洋公园、全国爱国教育基地。"刘公岛甲午战争纪念地"为全国重点文物保护单位。

五、山东主要岛屿概况

山东主要岛屿概况（有居民岛）

序号	岛名称	行政隶属	面积（km²）	海岸线长度（km）	高程（m）	岛类型	备注
1	大河口岛	滨州、无棣县	0.082	2.13	1.90	冲积岛	
2	棘家堡子岛（6）	滨州、无棣县	0.404	5.63	1.90	冲积岛	
3	南长滩岛	滨州、无棣县	0.39	3.13	1.50	冲积岛	
4	岔尖堡岛	滨州、无棣县	0.813	3.93	2.70	冲积岛	
5	桑岛	烟台、龙口市	1.93	7.72	9.20	大陆岛	有火山岩分布
6	北隍城岛	烟台、长岛县	2.67	9.94	155.40	大陆岛	
7	南隍城岛	烟台、长岛县	1.84	13.45	100.90	大陆岛	
8	小钦岛	烟台、长岛县	1.14	7.05	148.90	大陆岛	
9	大钦岛	烟台、长岛县	6.45	15.29	202.40	大陆岛	
10	砣矶岛	烟台、长岛县	7.08	20.94	198.90	大陆岛	
11	大黑山岛	烟台、长岛县	7.474	13.6	189.00	大陆岛	有火山岩分布
12	小黑山岛	烟台、长岛县	1.26	5.79	95.10	大陆岛	
13	庙岛	烟台、长岛县	1.425	8.37	98.30	大陆岛	
14	北长山岛	烟台、长岛县	7.98	15.41	195.70	大陆岛	
15	南长山岛	烟台、长岛县	13.2128	25.46	155.90	大陆岛	
16	崆峒岛	烟台、芝罘区	0.822	6.38	63.00	大陆岛	
17	养马岛	烟台、牟平区	8.391	19.86	104.80	大陆岛	
18	鲁岛	烟台、海阳市	0.40	2.73	10.00	大陆岛	
19	麻姑岛	烟台、海阳市	0.95	7.94	15.80	大陆岛	
20	刘公岛	威海、环翠区	3.04	13.37	153.5	大陆岛	
21	鸡鸣岛	威海、荣成市	0.302	2.91	72.70	大陆岛	
22	镆铘岛	威海、荣成市	4.624	19.96	31.00	大陆岛	
23	南黄岛	威海、乳山市	0.54	4.91	54.80	大陆岛	
24	杜家岛	威海、乳山市	2.36	9.48	128.60	大陆岛	
25	南小青岛	威海、乳山市	0.24	2.32	38.20	大陆岛	
26	赭岛	青岛、即墨市	0.169	2.31	40.20	大陆岛	
27	田横岛	青岛、即墨市	1.316	9.54	54.5	大陆岛	
28	女岛	青岛、即墨市	0.24	2.51	67.4	大陆岛	
29	小管岛	青岛、即墨市	0.289	2.39	69.8	大陆岛	
30	大管岛	青岛、即墨市	0.513	4.22	100	大陆岛	
31	竹岔岛	青岛、黄岛区	0.324	2.68	34.4	大陆岛	
32	灵山岛	青岛、黄岛区	7.815	14.29	513.6	大陆岛	
33	斋堂岛	青岛、黄岛区	0.408	5.08	69	大陆岛	
34	沐官岛	青岛、黄岛区	0.253	2.92	12.1	大陆岛	

山东主要岛屿概况（无居民岛）

序号	岛名称	行政隶属	面积（km²）	海岸线长度（km）	高程（m）	岛类型	备注
1	棘家堡子岛（3）	滨州、无棣县	0.076	1.71		冲积岛	
2	老沙头堡岛	滨州、无棣县	0.35	3.61		冲积岛	
3	大堡岛	滨州、沾化县	0.402	3.28	2	冲积岛	
4	贝壳岛（1）	东营、河口区	0.0008	0.21		冲积岛	
5	贝壳岛（2）	东营、孤岛	0.07	4.48		冲积岛	
6	芙蓉岛	烟台、莱州市	0.27	2.41	75.7	大陆岛	
7	螳螂岛	烟台、长岛县	0.17	2.31	54.7	大陆岛	
8	高山岛	烟台、长岛县	0.46	3.55	202.8	大陆岛	
9	大竹山岛	烟台、长岛县	0.24	2.00	97.2	大陆岛	
10	担子岛	烟台、芝罘区	0.075	2.19	28.3	大陆岛	
11	夹岛	烟台、芝罘区	0.175	2.61	61.6	大陆岛	
12	千里岩岛	烟台、海阳市	0.15	2.63	90.9	大陆岛	
13	土埠岛	烟台、海阳市	0.029	0.84	28.3	大陆岛	
14	海驴岛	威海、荣成市	0.092	1.97	65.8	大陆岛	
15	苏山岛	威海、荣成市	0.492	6.04	106.4	大陆岛	
16	官家岛	威海、乳山市	0.138	2.82	12.0	大陆岛	
17	腰岛	威海、乳山市	0.017	0.53	22.7	大陆岛	
18	北小青岛	威海、乳山市	0.159	2.3	35.8	大陆岛	
19	水岛	青岛、即墨市	0.03	1.02		大陆岛	
20	麦岛	青岛、崂山区	0.139	2.13	30.6	大陆岛	
21	桃花岛	日照市	0.006	0.37	4.6	大陆岛	
22	出风岛	日照、东港区	0.006	0.42	6.5	大陆岛	
23	平山岛	日照市	0.147	2.62	47.3	大陆岛	
24	达山岛	日照市	0.14	1.98	50	大陆岛	
25	车牛山岛	日照市	0.064	1.23		大陆岛	
26	王家滩河口岛	日照、东港区	0.008	0.49	0.50	冲积岛	

参考文献

[1] 陈安泽.旅游地学大辞典.[Z].北京:科学出版社,2013.

[2] 程裕淇,王鸿祯等.地球科学大辞典[Z].北京:地质出版社,2014.

[3] 山东省科学技术委员会.山东海岛志[M].济南:山东科学技术出版社,1995.

[4] 山东省海洋与渔业厅.山东海岛[M].北京:海洋出版社,2010.

[5] 《中国海岛志》编纂委员会.中国海岛志.山东卷第一册.山东北部沿岸[M].北京:海洋出版社,2013.

[6] 李培英.庙岛群岛的晚新生界与环境变迁[J].海洋地质与第四纪地质,1987.

[7] 杜恒俭,陈华慧,曹伯勋.地貌学及第四纪地质学[M].北京:地质出版社,1980.

[8] 李夕聪,纪玉洪.渤海故事[M].青岛:中国海洋大学出版社,2014.

[9] 李家彪.中国区域海洋学——海洋地质学[M].北京:海洋出版社,2012.

[10] 魏礼群,柳新华.世界跨海通道比较研究[M].北京:经济科学出版社,2009.

[11] 李凤岐.初识海洋[M].青岛:中国海洋大学出版社,2011.

[12] 中国国家地理.选美中国特辑,2005.

[13] 朱祖希.美丽山东[M].北京:蓝天出版社,2014.

[14] 任美锷.全球气候变化与海平面上升问题[J].科学,1988,40(4).

[15] 吴德星等.壮美极地[M].青岛:中国海洋大学出版社,2011.

[16] 吴德星等.奇异海岛[M].青岛:中国海洋大学出版社,2011.

[17] 探索发现丛书编委会.闻名世界的浪漫岛屿[M].成都:四川科学技术出版社.2013.

[18] 山东省长岛县志编纂委员会.长岛县志[Z].济南:山东人民出版社,1990.

[19] 查春明.西沙西沙[M].北京:中国摄影出版社,2014.